教育部提升专业服务能力项目
机电一体化技术专业核心课程建设规划教材

U0296876

机械工程基础

主　编◎朱开波　王　丽
副主编◎朱顺兰　潘　玲　王雪萍
主　审◎赵　平

西南交通大学出版社
·成　都·

图书在版编目（CIP）数据

机械工程基础 / 朱开波，王丽主编. — 成都：西
南交通大学出版社，2015.10
教育部提升专业服务能力项目　机电一体化技术专业
核心课程建设规划教材
ISBN 978-7-5643-3793-3

Ⅰ. ①机… Ⅱ. ①朱… ②王… Ⅲ. ①机械工程－高
等职业教育－教材 Ⅳ. ①TH

中国版本图书馆 CIP 数据核字（2015）第 040030 号

教育部提升专业服务能力项目
机电一体化技术专业核心课程建设规划教材
机械工程基础
主编　朱开波　王丽

责 任 编 辑	张华敏
特 邀 编 辑	鲁世钊　杨开春
封 面 设 计	何东琳设计工作室
出 版 发 行	西南交通大学出版社 （四川省成都市金牛区交大路 146 号）
发行部电话	028-87600564　028-87600533
邮 政 编 码	610031
网 　 址	http://www.xnjdcbs.com
印 　 刷	成都勤德印务有限公司
成 品 尺 寸	185 mm × 260 mm
印 　 张	9.5
字 　 数	248 千
版 　 次	2015 年 10 月第 1 版
印 　 次	2015 年 10 月第 1 次
书 　 号	ISBN 978-7-5643-3793-3
定 　 价	29.00 元

前　言

2011 年，教育部、财政部实施"支持高等职业学校提升专业服务能力"项目。重庆工业职业技术学院机电一体化技术专业作为支持专业，践行 CDIO 工程教育理念，进行为期 2 年的专业建设，本教材作为专业核心课程建设的成果并出版。

本教材包括四个项目，涵盖了机械工程材料、常用机构及机械零件、机械原理及机械设计方面的理论知识。项目一以机械手为载体，认识常见机械工程材料，学会绘制机构运动简图，并进行自由度的计算。项目二依托机构搭建试验台，认识常见平面铰链四杆、凸轮、齿轮和蜗轮、蜗杆的运动规律。项目三以减速器为载体，进行齿轮轴的设计与计算，并学会正确组装齿轮轴箱。项目四以多级齿轮减速器为载体，进行了齿轮常见参数的计算和设计，并进行轮系传动比的计算。

本书内容淡化了理论知识，以工程应用为主，旨在提高读者的系统思维、项目分析与实现的能力。本书的编排方式，首先让读者了解项目要求，分析项目实现过程中需要的知识与技术，然后通过子任务的方式掌握这些知识与技术，最终实现整个项目的设计与实现，锻炼知识与技术的综合运用能力。

本书由朱开波、王丽主编，项目一由王丽编写，项目二、三、四由朱开波编写。全书由朱开波统稿，由重庆工业职业技术学院机械工程学院的赵平老师主审。朱顺兰、王雪萍负责图片的收集和编辑，潘玲进行公式的编辑。

本书适合高等职业学校的机电、电子、电气等专业学生阅读，也可供其他工程技术人员参考。

由于作者水平有限，编写时间仓促，书中难免有不妥之处，希望广大读者批评指正。

编　者
2015 年 9 月

目　录

项目 1　机械手的组装与分析

☆ 项目说明

　　机械手作为机器人的执行部件，起着至关重要的作用。根据使用场所和功能的不同，机械手的结构和材料也不尽相同。几种常用机械手的结构如图 1-1 所示。

　　本项目主要是对图 1-1（a）所示类型的机械手进行组装，判断机械手各部分使用的材料，测量机械手的尺寸，画出机械手的机构运动简图，并进行自由度的计算。

（a）齿轮与四杆机构结合的机械手

（b）曲柄滑块式机械手

（c）气动机械手

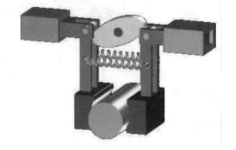

（d）凸轮式机械手

图 1-1　常见机械手的结构

☆ 项目学习目标

完成本项目的学习后，学生应该具备以下能力：

1. 会分析常见机械手组装的顺序及相关工具的使用。

2. 能根据材料的外观，粗略判断机构所用材料的类型。

3. 会正确选择常用标准连接件。

4. 能识别常见机构的运动简图，会绘制机械手的运动简图。

5. 会计算机械手的自由度。

6. 会利用图解法进行简单铰链四杆机构的设计。

任务 1　组装机械手并认识材料

【任务目标】

① 掌握机械手组装的步骤，会进行舵机与机械手的连接。

② 能看懂机械制图国家标准对螺纹连接的定义。

③ 能区分标准件与非标准件，会根据要求选择标准件。

④ 能根据外观区分不同类型的材料。

【任务描述】

本任务是利用博创机器人套件，进行机械手爪的组装，在组装过程中，掌握机械手爪的基本结构，并认识机械手爪运动的过程。

主要工作包括：手爪的组装、齿轮的组装和舵机的组装。组装后的机械手如图 1-2 所示。

图 1-2　机械手总装图

【相关知识】

1.1　螺纹紧固件

1.1.1　标准件

运用螺纹的连接作用来连接和紧固一些零部件的零件称为螺纹紧固件。常用的螺纹紧固件有螺栓、双头螺柱、螺钉、螺母和垫圈等，如图 1-3 所示。

开槽盘头螺钉　　　内六角圆柱头螺钉　　　十字槽沉头螺钉　　　开槽锥端紧定螺钉　　　六角头螺栓

　双头螺柱　　　1 型六角螺母　　1 型六角开槽螺母　　平垫圈　　　弹簧垫圈

图 1-3　螺纹紧固件

　　为了便于制造和使用，将它们的结构、尺寸画法等方面全部标准化，称为标准件。有些零件，像传动用的齿轮，其部分主要参数已经标准化、系列化，称为常用件。

　　表 1-1 列举了一些常用螺纹紧固件的图例及规定标记。

表 1-1　常用螺纹紧固件的图例和标记示例

名称及标准编号	简　图	标记及说明
六角头螺栓 GB/T 5782— 2000	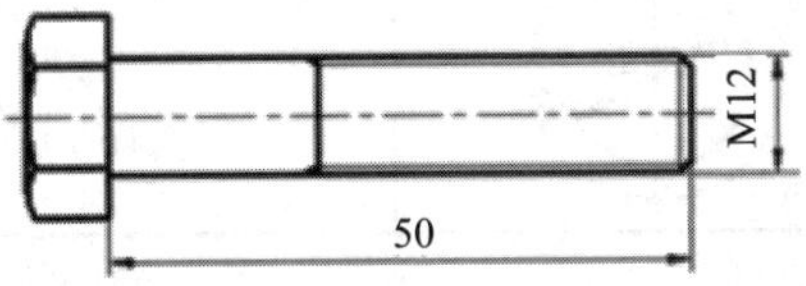 （图，标注 M12，50）	螺栓　GB/T 5782 M12×50 （A 级六角螺栓，螺纹规格 d = M12，公称长度为 l = 50 mm）
双头螺柱 GB/T 897～900 —1988	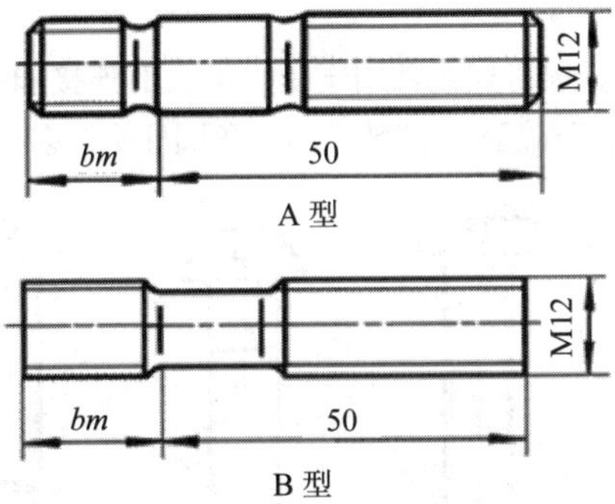 （A 型图，标注 bm，50，M12） A 型 （B 型图，标注 bm，50，M12） B 型	螺柱　GB/T 897 M12×50 （双头螺柱，两端均为粗牙普通螺纹，螺纹规格 d = M12，公称长度 l = 50 mm，B 型，bm = 1d） 螺柱　GB/T 898—1988-AM12×1×50 （双头螺柱，旋入机体一端为粗牙普通螺纹，旋入螺母一端为螺距 P = 1 的细牙普通螺纹，螺纹规格 d = M12，公称长度 l = 50 mm，A 型，bm = 1.25d）
开槽圆柱头螺钉 GB/T 65—2000	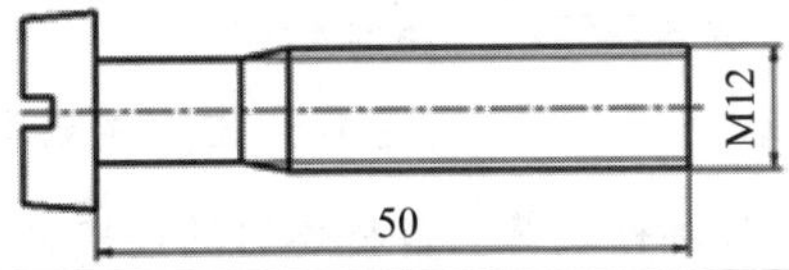 （图，标注 M12，50）	螺钉　GB/T 65 M12×50 （开槽圆柱头螺钉，螺纹规格 d = M12，公称长度 l = 50 mm）
开槽沉头螺钉 GB/T 68—2000	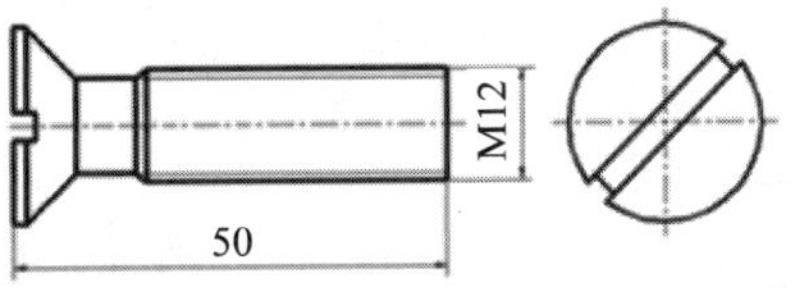 （图，标注 M12，50）	螺钉　GB/T 68 M12×50 （开槽沉头螺钉，螺纹规格 d = M12，公称长度 l = 50 mm）
十字槽沉头螺钉 GB/T 819.1— 2000	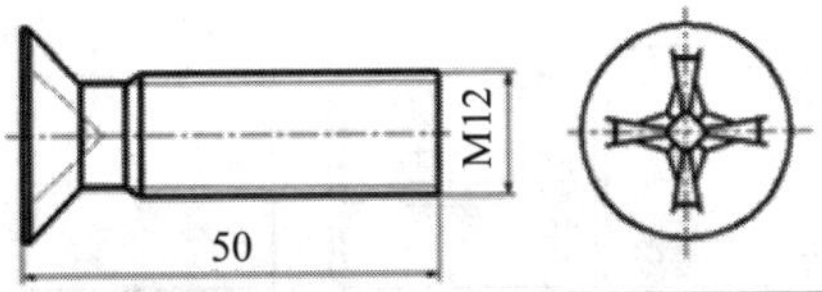 （图，标注 M12，50）	螺钉　GB/T 819.1 M12×50 （十字槽沉头螺钉，螺纹规格 d = M12，公称长度 l = 50 mm）
开槽锥端紧定螺钉 GB/T 71—1985	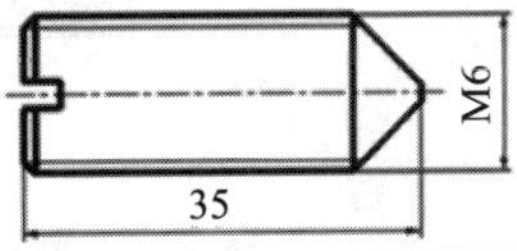 （图，标注 M6，35）	螺钉　GB/T 71 M6×35 （开槽锥端紧定螺钉，螺纹规格 d = M6，公称长度 l = 35 mm）

续表 1-1

名称及标准编号	简　图	标记及说明
1 型六角螺母 A 级和 B 级 GB/T 6170— 2000	M12	螺母 GB/T 6170 M12 （A 级的 1 型六角螺母，螺纹规格 $d=$M12）
平垫圈-A 级 GB/T 97.1—1985 平垫圈倒角型-A 级 GB/T 97.2—1985	$\phi13$	垫圈 GB/T 97.1 12-140HV ［A 级平垫圈，公称尺寸（指螺纹大径）$d=12$，机械性能等级为 140HV（指材料 V 氏硬度为 140），从标准中可查得，当垫圈公称尺寸 $d=12$ 时，该垫圈的孔径为 13］
标准型弹簧垫圈 GB/T 93—1987	$\phi16.4$	垫圈 GB/T 93 16 ［标准型弹簧垫圈，公称尺寸（指螺纹大径 $d=16$）］

1.1.2　螺钉连接

在该项目中，主要用到的是螺钉连接。螺钉连接常用于受力不大的连接和定位，如图 1-4 所示。连接螺钉由头部和螺钉杆组成。螺钉头部有沉头、盘头、内六角圆柱头等多种形状，如图 1-5 所示。

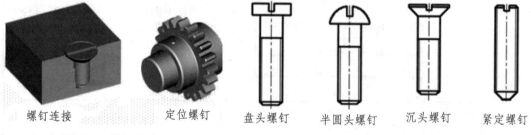

螺钉连接　　　　　定位螺钉　　　盘头螺钉　半圆头螺钉　沉头螺钉　紧定螺钉

图 1-4　螺钉连接　　　　　　　　　图 1-5　连接螺钉类型

紧定螺钉前端的形状有锥端、平端和长圆柱端等。各种螺钉的连接画法如图 1-6 所示。紧定螺钉的连接画法如图 1-7 所示。

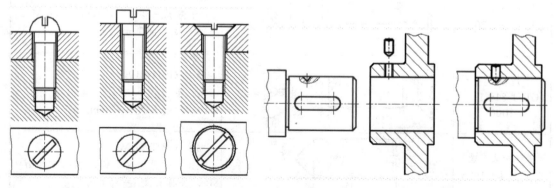

图 1-6　各种螺钉的连接　　　　　　图 1-7　紧定螺钉连接

1.1.3　紧固件

本项目中除了使用螺钉外，还用到了螺母、垫片。除此之外，常用的紧固件有弹簧垫片和螺栓等，国家标准中规定的画法如图 1-8 所示。图中的 d 代表螺纹大径。

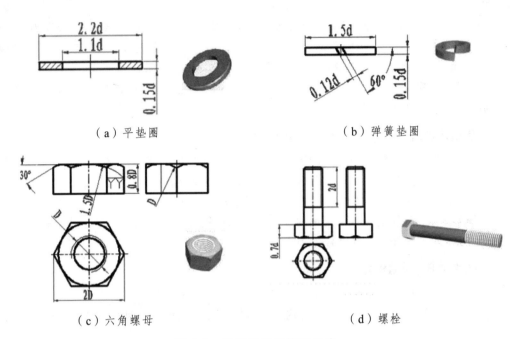

（a）平垫圈　　　　　　　　　　　　　　　（b）弹簧垫圈

（c）六角螺母　　　　　　　　　　　　　（d）螺栓

图 1-8　标准件的结构和用途

1.2　常用钢材的牌号及用途

金属材料的分类如图 1-9 所示。

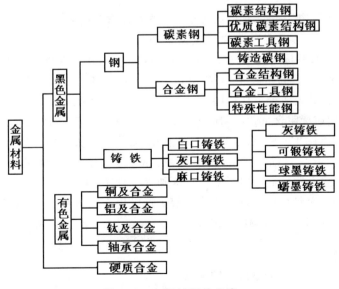

图 1-9　金属材料的分类

（1）碳素结构钢（GB/T 700—2006）

① 由 Q + 数字 + 质量等级符号 + 脱氧方法符号组成。它的钢号冠以"Q"，代表钢材的屈服点，后面的数字表示屈服点数值，单位是 MPa。例如，Q235 表示屈服点（σ_s）为 235 MPa 的碳素结构钢。

② 必要时钢号后面可标出表示质量等级和脱氧方法的符号。质量等级符号分别为 A、B、C、D。脱氧方法符号：F 表示沸腾钢；b 表示半镇静钢；Z 表示镇静钢；TZ 表示特殊镇静钢。镇静钢可不标符号，即 Z 和 TZ 都可不标。例如，Q235-AF 表示 A 级沸腾钢。

③ 专门用途的碳素钢，例如桥梁钢、船用钢等，基本上采用碳素结构钢的表示方法，但在钢号最后附加表示用途的字母。

（2）优质碳素结构钢（GB/T 699—1999）

① 钢号开头的两位数字表示钢的碳含量，以平均碳含量的万分之几表示，例如，平均碳含量为 0.45% 的钢，钢号为"45"，它不是顺序号，所以不能读成 45 号钢。

② 锰含量较高的优质碳素结构钢，应将锰元素标出，例如 50Mn。

③ 沸腾钢、半镇静钢及专门用途的优质碳素结构钢应在钢号最后特别标出，例如，平均碳含量为 0.1% 的半镇静钢，其钢号为 10b。

（3）碳素工具钢（GB/T 1298—2008）

① 钢号冠以"T"，以免与其他钢类相混。

② 钢号中的数字表示碳含量，以平均碳含量的千分之几表示。例如，"T8"表示平均碳含量为 0.8%。

③ 锰含量较高者，在钢号最后标出"Mn"，例如"T8Mn"。

④ 高级优质碳素工具钢的磷、硫含量比一般优质碳素工具钢低，在钢号最后加注字母"A"，以示区别，例如"T8MnA"。

（4）合金结构钢（GB/T 3077—1999）

① 钢号开头的两位数字表示钢的碳含量，以平均碳含量的万分之几表示，如 40Cr。

② 钢中主要合金元素，除个别微合金元素外，一般以百分之几表示。当平均合金含量 < 1.5% 时，钢号中一般只标出元素符号，而不标明含量，但在特殊情况下易致混淆者，在元素符号后亦可标以数字"1"，例如钢号"12CrMoV"和"12Cr1MoV"，前者铬含量为 0.4% ~ 0.6%，后者为 0.9% ~ 1.2%，其余成分全部相同。当合金元素平均含量 ≥1.5%、≥2.5%、≥3.5%、…时，在元素符号后面应标明含量，可相应表示为 2、3、4、…等。例如 18Cr2Ni4WA。

③ 钢中的钒 V、钛 Ti、铝 AL、硼 B、稀土 RE 等合金元素，均属微合金元素，虽然含量很低，仍应在钢号中标出。例如，在 20MnVB 钢中，钒为 0.07% ~ 0.12%，硼为 0.001% ~ 0.005%。

④ 高级优质钢应在钢号最后加"A"，以区别于一般优质钢。

⑤ 专门用途的合金结构钢，钢号（或后缀）冠以代表该钢种用途的符号。例如，铆螺专用的 30CrMnSi 钢，钢号表示为 ML30CrMnSi。

（5）滚动轴承钢

① 钢号冠以字母"G"，表示滚动轴承钢类。

② 高碳铬轴承钢钢号的碳含量不标出，铬含量以千分之几表示，例如 GCr15。渗碳轴承

钢的钢号表示方法基本上和合金结构钢相同。

（6）合金工具钢和高速工具钢（GB/T 1299—2000 和 GB/T 9941—1988）

① 合金工具钢钢号的平均碳含量 ≥ 1.0% 时，不标出碳含量；当平均碳含量 < 1.0% 时，以千分之几表示，例如 Cr12、CrWMn、9SiCr、3Cr2W8V。

② 钢中合金元素含量的表示方法基本上与合金结构钢相同。但对铬含量较低的合金工具钢钢号，其铬含量以千分之几表示，并在表示含量的数字前加"0"，以便把它和一般元素含量按百分之几表示的方法区别开来，例如 Cr06。

③ 高速工具钢的钢号一般不标出碳含量，只标出各种合金元素平均含量的百分之几。例如，钨系高速钢的钢号表示为"W18Cr4V"。钢号冠以字母"C"者，表示其碳含量高于未冠"C"的通用钢号。

（7）不锈钢和耐热钢（GB/T 1220—1992 和 GB/T 1221—1992）

① 钢号中碳含量以千分之几表示，例如，"2Cr13"钢的平均碳含量为 0.2%。若钢中含碳量 ≤ 0.03% 或 ≤ 0.08% 者，钢号前分别冠以"00"及"0"表示之，例如 00Cr17Ni14Mo2、0Cr18 Ni9 等。

② 对钢中主要合金元素以百分之几表示，而钛、铌、锆、氮等则按上述合金结构钢对微合金元素的表示方法标出。

（8）电工用硅钢

① 钢号由字母和数字组成。钢号头部字母 DR 表示电工用热轧硅钢，DW 表示电工用冷轧无取向硅钢，DQ 表示电工用冷轧取向硅钢。

② 字母之后的数字表示铁损值（W/kg）的 100 倍。

③ 钢号尾部加字母"G"者，表示在高频率下检验的；未加"G"者，表示在频率为 50 Hz 周波下检验的。例如，钢号 DW470 表示电工用冷轧无取向硅钢产品在 50 Hz 频率时的最大单位重量铁损值为 4.7 W/kg。

制造标准件主要有碳钢、不锈钢、铜三种材料。碳钢包括低碳钢、中碳钢、高碳钢和合金钢等。

低碳钢主要用于 4.8 级螺栓及 4 级螺母、小螺丝等无硬度要求的产品，常用的钢号是 A3（Q235）。中碳钢主要用于 8 级螺母、8.8 级螺栓、8.8 级内六角产品，常用的钢号是 35 钢和 45 钢。

对于 12.9 级螺丝，主要使用铬钼合金钢，如 SCM435，主要成分包括 C、Si、Mn、P、S、Cr、Mo。在对零件强度和配合没有特别要求的情况下，我们经常见到铝合金、工程塑料等材质的连接件，这些连接件主要用于玩具、小型设备等。

1.3 铜合金

纯铜外观呈紫红色，又称紫铜。导电及导热性能好（导电性仅次于银），并具有较高的抗蚀性、抗磁性和塑性。纯铜价格昂贵，主要用于制造电气工业中的各种导电材料和配制铜合金的原料。

在纯铜中加入 Zn、Al、Sn、Mn、Ni 等合金元素制成的合金统称为铜合金。按照化学成分的不同，铜合金可分为黄铜、青铜和白铜三类。

（1）黄铜

黄铜是以锌（Zn）为主要合金元素的铜合金，牌号用 H 表示，后面的数字为平均含铜量。例如 H62，表示平均含铜量为 62% 的普通黄铜。在 Cu-Zn 合金基础上加入其他合金元素的黄铜，称为特殊黄铜，其牌号中标出所加合金元素的符号及含量。例如 HPb59-1，表示平均成分为 59%Cu、1%Pb，其余为锌（40%Zn）的特殊黄铜（又称为铅黄铜。另外还有锰黄铜、锡黄铜、硅黄铜、铝黄铜等）。

（2）青铜

青铜是指主要合金元素是锡（Sn）、铝（Al）、硅（Si）、铅（Pb）等，而不是锌和镍的铜合金。按化学成分的不同，青铜可分为锡青铜和特殊青铜两类。

① 锡青铜（普通青铜）。以锡为主要合金元素的铜合金称为锡青铜。当含锡量小于 6% ~ 7% 时，锡青铜具有优良的冷加工性；当含锡量大于 6% ~ 7% 时，锡青铜具有良好的铸造性。锡青铜在大气、海水、淡水及蒸汽中的抗蚀性比纯铜和黄铜好。

青铜的牌号以"青"字的汉语拼音首字母 Q + 锡元素符号 + 数字表示。例如，QSn6.5-0.4 表示锡含量 Sn = 6.5%、磷含量 P = 0.4%、余量为 Cu 的锡青铜。铸造青铜的牌号是在青铜的牌号前面加字母 ZCu，例如，ZCuSn10P1 表示平均锡含量 Sn = 10%、磷含量 P = 1%、铜含量约为 Cu = 89% 的铸造锡青铜。铸造锡青铜在工业上应用较多，主要用于制造耐磨零件和抗蚀零件。

② 特殊青铜（无锡青铜）。主要加入元素不是锡（Sn）而是其他元素（Al、Pb、Mn）的青铜称为无锡青铜，如铝青铜、铅青铜、锰青铜等。特殊青铜的力学性能、耐腐蚀性、耐磨性以及热强性等都比锡青铜更好，但铸造性能较差。特殊青铜牌号的表示方法与锡青铜相同。

（3）白铜

白铜是以镍（Ni）为主要合金元素的铜合金，其牌号用 B 表示，后面的数字为镍的平均含量。例如 B19，表示含镍 19% 的普通白铜。特种白铜有铁白铜、锌白铜、铝白铜、锰白铜等。例如 BFe5-1，表示含镍 5%、含铁 1%、其余为铜的铁白铜。

白铜根据用途不同又可以分为耐蚀结构用白铜和电工白铜两类。常用的耐蚀结构白铜有 B5、B19 和 B30 等牌号。这类白铜的最大特点是在各种腐蚀介质，如海水、有机酸和各种盐溶液中具有较高的化学稳定性，适宜用作船舶用耐蚀零件及在高温高压下工作的管道。

电工白铜具有极高的电阻，电阻温度系数极小，它是被广泛用来制造电阻器、热电偶、补偿导线和精密测量仪器的电工材料。常用的电工白铜有 B0.6、B16、BMn3-12（锰铜）、BMn40-1.5（康铜）及 BMn43-0.5（考铜）等。

1.4　工程塑料

工程塑料一般是指可以作为结构材料承受机械应力，能在较宽的温度范围和较为苛刻的化学及物理环境中使用的塑料材料。国内通用的是聚碳酸酯、聚甲醛、聚酰胺、热塑料性聚酯、改性聚苯醚等五大工程塑料。

（1）聚酰胺（PA，俗名"尼龙"）

由于它独特的低比重、高抗拉强度、耐磨、自润滑性好、冲击韧性优异、具有刚柔兼备的性能而赢得人们的重视，加之其加工简便、效率高、比重轻（只有金属的 1/7），可以加工成各种制品来代替金属，被广泛用于汽车及交通运输业，典型的制品有泵叶轮、风扇叶片、阀座、衬套、轴承、各种仪表板、汽车电器仪表、冷热空气调节阀等零部件。聚酰胺在汽车工业的使用量最大，大约每辆汽车消耗尼龙制品达 3.6 ~ 4 kg；其次在电子电气领域的使用量也较大。

（2）聚碳酸酯（PC）

聚碳酸酯既具有类似有色金属的强度，同时又兼备延展性及强韧性，它的冲击强度极高，用铁锤敲击不能被破坏，能经受住电视机荧光屏的爆炸。聚碳酸酯的透明度又极好，并可施以任何着色。由于聚碳酸酯的上述优良性能，已被广泛用于各种安全灯罩、信号灯，体育馆、体育场的透明防护板，采光玻璃，高层建筑玻璃，汽车反射镜、挡风玻璃板，飞机座舱玻璃，摩托车驾驶安全帽。用量最大的市场是计算机、办公设备、汽车，替代玻璃和片材，CD 和 DVD 光盘是最有潜力的市场之一。

（3）聚甲醛（POM）

聚甲醛是一种性能优良的工程塑料，在国外有"夺钢"、"超钢"之称。POM 具有类似金属的硬度、强度和钢性，在很宽的温度和湿度范围内都具有很好的自润滑性、良好的耐疲劳性，并富于弹性，此外它还有较好的耐化学品性。POM 以低于其他许多工程塑料的成本，正在替代一些传统上被金属所占领的市场，如替代锌、黄铜、铝和钢制作许多部件，自问世以来，POM 已经广泛应用于电子电气、机械、仪表、日用轻工、汽车、建材、农业等领域。在很多新领域的应用，如医疗技术、运动器械等方面，POM 也表现出较好的增长态势。

（4）聚对苯二甲酸丁二醇酯（PBT）

聚对苯二甲酸丁二醇酯是一种热塑性聚酯，非增强型的 PBT 与其他热塑性工程塑料相比，加工性能和电性能较好。PBT 玻璃化温度低，模具温度在 50 ℃ 时即可迅速结晶，加工周期短。聚对苯二甲酸丁二醇酯（PBT）被广泛应用于电子、电气和汽车工业中。由于 PBT 的高绝缘性及耐温性，可用作电视机的回扫变压器、汽车分电盘和点火线圈、办公设备壳体和底座、各种汽车外装部件、空调机风扇、电子炉灶底座等。

（5）聚苯醚（PPO）

聚苯醚是由 2,6-二取代基苯酚经氧化偶联聚合而成的热塑性树脂，一般呈土黄色粉末状。常用的是由 2,6-二甲基苯酚合成的聚苯醚，具有优良的综合性能。其最大的特点是在长期负荷下，具有优良的尺寸稳定性和突出的电绝缘性，使用温度范围广，可在 –127 ℃ ~ 121 ℃ 范围内长期使用；具有优良的耐水、耐蒸汽性能，其制品具有较高的拉伸强度和抗冲强度，抗蠕变性也好；此外，它还有较好的耐磨性和电绝缘性能，主要用于代替不锈钢制造外科医疗器械。在机电工业中，用它可制作齿轮、鼓风机叶片、管道、阀门、螺钉及其他紧固件和连接件等，还用于制作电子、电气工业中的零部件，如线圈骨架及印刷电路板等。

【任务实施】

1. 工具及材料准备

组装机械手所需工具及材料如表 1-2 所示。

表 1-2   组装机械手所需的工具及材料

序号	名　称	图例	数　量	备　注
1	机械手固定板		1 块	博创机器人套件（非标件）
2	手爪组件		2 个	非标件
3	手爪连接件		1 套	非标件
4	舵机		1 个	非标件
5	十字槽螺钉 M2×10		6 个	标准件
6	1 型螺母 M2		6 个	与 M2 螺钉配套 标准件
7	平垫圈		6 个	与 M2 螺钉配套 非标件
8	十字槽螺钉 M3×10		1 个	用于固定舵机与机械手 标准件
9	十字螺丝刀		1 把	
10	镊子		1 把	
11	机械制图国家标准		1 本	用于选择标准件

2. 机械手的组装

（1）组装手爪部分

材料：手爪件 2 只，连接杆 2 根，齿轮构件 2 个，舵机连接件 1 个，垫圈 4 个，M2 螺母 4 颗，M2 螺钉 4 颗。组装好的机械手爪如图 1-10 所示。

（2）底座与手爪的组装

材料：组装好的 1 对机械手爪，固定底座 1 个，垫圈 2 颗，螺母 2 颗，螺钉 2 颗。底座的组装如图 1-11 所示。

图 1-10　手爪组装图　　　　　　　　　　图 1-11　底座的组装

（3）舵机与机械手的连接

材料：固定好底座的机械手 1 只，舵机 1 个，M3 的十字槽圆头螺钉 1 颗。将舵机的转轴插入底座固定位，用 M3 的螺丝将两者固定，如图 1-12 所示。

图 1-12　舵机与机械手固定

3. 识别机械手各零件的材料

经过相关知识的学习，结合平时的经验和常识，最后列出零件的材料，如表 1-3 所示。

表 1-3　零件材料表

序　号	名　　称	材　料	备　注
1	机器人套件	工程塑料	PA 材料满足要求
2	螺钉与螺母	碳素结构钢	A3（Q235）满足要求
3	舵机转轴	铜合金	锡青铜可以满足要求

【综合练习】

① 在进行机械手组装的过程中，使用的十字螺丝刀是什么型号，可以任意选择吗？

② 介绍工具时，使用了镊子，你在组装过程中用到了吗？起什么作用？

③ 垫圈主要分为平垫圈和弹性垫圈，查阅相关资料，了解弹性垫圈的主要作用。

④ 铜的导电性能很好，你知道用来制作导线的是哪一种吗？

任务 2　机械手机构简图的绘制

【任务目标】

① 会使用游标卡尺测量并计算两圆孔的中心距。

② 能正确判断运动副的类型。

③ 能识别常用机构的运动简图。

④ 会绘制机械手的机构运动简图。

【任务描述】

本任务主要是绘制机械手的机构运动简图。在机构分析中，要正确理解机构的运动过程，首先要进行机构运动简图的绘制，这样才能对机构的运动进行分析。其主要工作包括：

① 从机器人套件中找出绘制机械手机构运动简图所需的构件。

② 用游标卡尺测量各个构件的尺寸。

③ 组装机械手，判断运动副类型。

④ 绘制机构运动简图。

【相关知识】

2.1　运动副

机器通常由几个机构组成，每个机构实现一定的运动变换。机构也是人为组合的，其各部分之间的相对运动也是确定的。组成机构各个相对运动部分的部件称为构件。构件是运动的单元体，机构中驱动力所作用的构件称为主动件，其余被推动的构件称为从动件，支持各运动构件的部件称为机架。

机构的重要特征是：各个构件间具有确定的相对运动。为此必须对各个构件的运动加以限制。在机构中，每个构件都以一定的方式来与其他构件相互接触，二者之间形成一种可动的连接，从而使两个互相接触的构件之间的相对运动受到限制。两构件之间的这种可动连接称为运动副。

运动副中两构件的接触形式有点接触、线接触、面接触三种形式。根据运动副中两构件的接触形式不同，运动副可分为低副和高副两类。

2.1.1　低副

低副是指两构件之间是面接触的运动副。根据两构件的相对运动形式，低副又可分为以下几种：

① 转动副。组成运动副的两构件只能绕某一轴线做相对转动的运动副称为转动副，见图 1-13（a）。

② 移动副。组成运动副的两构件只能做相对直线移动的运动副称为移动副，见 1-13（b）。

③ 螺旋副。组成运动副的两构件只能沿轴线做相对螺旋运动的运动副称为螺旋副，见图 1-13（c）。

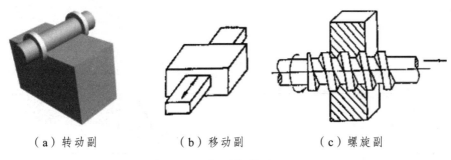

（a）转动副　　　　　　　　（b）移动副　　　　　　　　（c）螺旋副

图 1-13　低副的类型

2.1.2　高副

高副是指两构件之间是点接触或线接触的运动副。常见的几种高副接触形式有滚动轮接触、齿轮接触和凸轮接触等。常见的高副类型如图 1-14 所示。

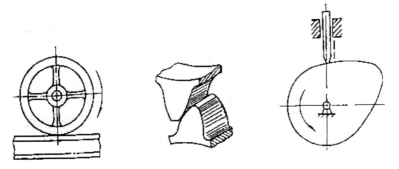

图 1-14　常见的高副类型

2.1.3　低副和高副的区别

低副的接触表面一般为平面或圆柱面，容易制造和维修，承受载荷时，单位面积上的压力较低，因而低副比高副的承载能力大。低副属于滑动摩擦，摩擦损失大，因而效率较低。此外，低副不能传递较复杂的运动。

高副的接触表面是点接触或线接触，因此，承受载荷时单位面积上的压力较高，两构件接触处容易磨损，使用寿命短，制造和维修也较困难。高副能传递较复杂的运动。

2.2　机构运动简图符号

实际的机器或机构比较复杂，构件的外形和构造也各式各样。但是机构的相对运动只与运动副的数目、类型、相对位置及某些尺寸有关，而与构件的截面尺寸、组成构件的零件数目、运动副的具体结构等无关。因此在研究机器或机构运动时，可以不考虑与运动无关的因素，只需用简单的线条和符号来代表构件和运动副。

对于只为了表示机构的结构及运动情况，而不严格按照比例绘制的简图，通常称为机构示意图。表 1-4 列出了机构运动简图的常用符号。

表 1-4　机构运动简图的常用符号（GB 4460—1984）

名　称		符　　号
低副	转动副	
	移动副	
	螺旋副	
高副	凸轮副	
	齿轮副	
构件	带有运动副元素的活动构件	
	机架	

2.3 绘制机构运动简图的步骤

① 分析机构的结构和运动情况，找出机架、原动件、从动件系统，弄清组成机构的构件数，其中，机架是支承活动件的支架，原动件是外驱动力驱动的构件，从动件则是原动件驱动的构件系统。

② 从原动件开始，按运动传递顺序，分析每两个构件之间的相对运动性质，确定各运动副的类型、位置及数目，并按比例绘制在图中，绘图比例 = 构件实际长度（m）/构件图示长度（mm）。

③ 将同一构件上的全部运动副连接成刚性结构，全部构件则自然形成机构运动简图。

【任务实施】

1. 工具及材料准备

本任务所需工具及材料如下：博创机器人套件 1 套；游标卡尺 1 把，用来测量构件尺寸；直尺 1 把，用来绘制机构运动简图；铅笔、A4 纸各一，用来绘制机构运动简图。

2. 测量零件的尺寸

进行机构运动简图绘制时，参考套件如表 1-2 所示。

用游标卡尺测量两孔中心距的方法如图 1-15 所示。

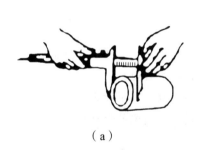
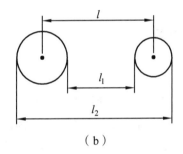

（a） （b）

图 1-15 中心距测量方法

由图 1-15 可以得出两孔中心距 $l = (l_1 + l_2)/2$。

通过该方法，我们可以测出各个构件的长度，因为机械手是左右对称结构，因此只需要测量一边的构件长度即可。

3. 运动副的确定

如图 1-16 所示，运动副的类型和位置可以确定，其中底座为支架，其他为活动构件。

图 1-16 运动副的位置与类型

① 圆形标记的位置是低副，为转动副，数量 8 个。
② 矩形标记的位置是高副，为齿轮副，数量 1 个。

4. 绘制运动简图

    根据已测量的构件尺寸和运动副的类型，绘制机构运动简图，其简图如图 1-17 所示。其中：2,3,6,7 为固定铰，固定在底座上；1,4,5,8 为活动铰，可以活动；7 为原动件，将舵机的转动传递给机构；6、7 间是齿轮副，为高副；其他是低副，全部为转动副。

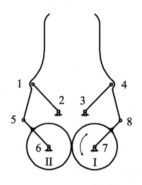

图 1-17   机械手机构运动简图

【综合练习】

① 在使用游标卡尺时，它的最小量程是多少，进行读数时应保留几位小数？
② 齿轮传动是高副传动，齿轮之间相互接触的部位是哪里？
③ 在绘制机构运动简图时，有些构件之间有焊点，其作用是什么？
④ 很多同学都坐过公交车，你能画出公交车车门开闭机构的运动简图吗？

任务 3   机械手自由度的计算

【任务目标】

① 能正确理解平面机构的自由度。
② 会正确区分复合铰链、局部自由度和虚约束。
③ 能根据运动简图进行机构自由度的计算。
④ 能理解自由度在物体受力时的静定问题和静不定问题。

【任务描述】

    自由度关系到主动件的数量，在机构设计中起到至关重要的作用，本任务是通过分析，计算机械手爪的自由度，从而判断需要动力源的个数。

    主要内容包括：识别活动构件数；识别高副和低副数；计算机械手自由度。

【相关知识】

3.1　平面运动自由度

一个做平面运动的构件有 3 个独立运动的参数：沿
X 轴、Y 轴的移动和绕垂直于 XOY 平面的轴的转动。可
用 3 个独立的参数 x、y、α（见图 1-18）来描述。我们把
构件相对于参考系具有的独立运动参数的数目称为自由
度。两个构件通过运动副连接以后，相对运动受到了某些
限制，即失去一定的自由度，这种限制称为约束。引入 1
个约束条件将减少 1 个自由度，而约束的多少及约束的特
点取决于运动副的形式。

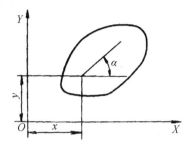

图 1-18　平面构件运动自由度

3.2　机构具有确定运动的条件

机构要实现预期的运动传递和变换，必须使运动具有可能性和确定性，所谓运动的确定性，
是指机构中的所有构件，在任意瞬时的运动都是完全确定的。那么，机构应具备什么条件，其
运动才是确定的呢？下面举例来讨论。如图 1-19（a）所示，由三个构件通过 3 个转动副连接
而成的系统没有运动可能性。又如图 1-19（b）所示的五杆系统，若取构件 1 作为主动件，当
给定 φ_1 时，构件 2、3、4 既可以处在实线位置，也可以处在虚线或其他位置，因此，其从动件
的运动是不确定的；但如果给定构件 1、4 的位置参数 φ_1 和 φ_4，则其余构件的位置就被确定下
来了。即需要 2 个原动构件，五杆机构才有确定的相对运动。如图 1-19（c）所示的曲柄滑块
机构，给定构件 1 的位置时，其他构件的位置就被确定下来，即只需要 1 个原动构件，机构就
有确定的相对运动。

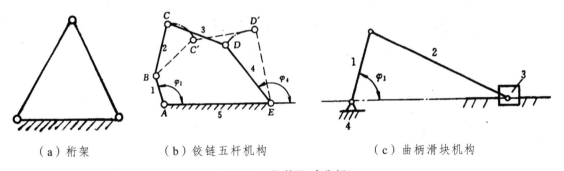

（a）桁架　　　　　　　（b）铰链五杆机构　　　　　　　（c）曲柄滑块机构

图 1-19　机构运动分析

机构的自由度也就是机构具有的独立运动的个数。为了使机构具有确定的相对运动，这些
独立运动必须是给定的，由于只有原动件才能做给定的独立运动，因此，机构的原动件数必须
与其自由度相同，所以机构具有确定运动的条件是：机构的原动件数等于机构的自由度数。

3.3　平面机构自由度的计算

3.3.1　平面机构自由度的计算公式

设一个平面机构包含 N 个构件，其中必有一个机架，因机架为固定件，其自由度为零，故

活动构件数 $n = N - 1$。这 n 个活动构件在没有通过运动副连接时，应该共有 $3n$ 个自由度，当用运动副将构件连接起来组成机构之后，则自由度就要减少，当引入 1 个低副，自由度就减少 2 个。当引入 1 个高副，自由度就减少 1 个。如果上述机构中引入了 P_L 个低副、P_H 个高副，则自由度减少的总数就为 $2P_L + P_H$，则该机构所剩的自由度数（用 F 表示）为：

$$F = 3n - 2P_L - P_H \qquad\qquad (1\text{-}1)$$

式中，F 表示平面机构的自由度，n 为机构中活动构件的个数。

由公式（1-1）可知，机构的自由度 F 取决于活动构件的数目以及运动副的性质（低副或高副）和数目。

实例 1　求图 1-19（b）所示铰链五杆机构的自由度。

解　该机构的活动构件数 $n = 4$。低副数 $P_L = 5$，高副数 $P_H = 0$，故：

$$F = 3n - 2P_L - P_H = 3 \times 4 - 2 \times 5 - 0 = 2$$

因此，该机构需要两个原动件便具有确定的相对运动。

3.3.2　计算机构的自由度时应注意的问题

在应用机构的自由度计算公式时，对以下几种情况必须加以注意。

（1）复合铰链

两个以上的构件同时在一处以转动副相连，这就构成复合铰链。如图 1-20（a）所示是三个构件在一处构成复合铰链，从侧视图 1-20（b）中可以看出，构件 1 分别与构件 2、构件 3 构成两个转动副。依此类推，如果有 k 个构件同时在一处以转动副相连，必然构成（$k - 1$）个转动副。

实例 2　计算图 1-21 所示直线机构的自由度。

解　图示机构中其活动机构数 $n = 7$，$P_L = 10$，$P_H = 0$，故：

$$F = 3n - 2P_L - P_H = 3 \times 7 - 2 \times 10 = 1$$

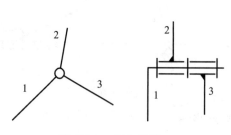

图 1-20　复合铰链

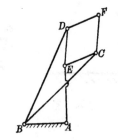

图 1-21　直线机构简图

因此，该机构只需要 1 个原动件便有确定的相对运动。

（2）局部自由度

机构中存在的与输出构件运动无关的自由度称为局部自由度，在计算机构自由度时应予以排除。如图 1-22（a）所示的凸轮机构，当主动构件凸轮 1 绕 O 点转动时，通过滚子 4 使从动构件 2 沿机架 3 移动，其活动构件数 $n = 3$，低副数 $P_L = 3$，高副 $P_H = 1$，则：

$$F = 3n - 2P_L - P_H = 3 \times 3 - 2 \times 3 - 1 = 2$$

说明此机构应有 2 个主动构件。而实际上只有 1 个主动构件，这是因为此机构中有 1 个局部自由度——滚子 4 绕 B 点的转动，它与从动件 2 的运动无关，只是为了减少从动件与凸轮间的磨损而增加了滚子。

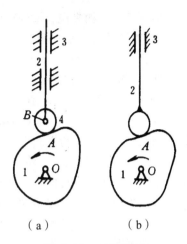

由于局部自由度与机构运动无关，故计算自由度时应去掉局部自由度。如图 1-22（b）所示，假设把滚子与从动杆焊在一起，这时机构的运动并不改变，则图 1-22（b）中 $n = 2$，$P_L = 2$，$P_H = 1$，由式（1-1）得：

$$F = 3n - 2P_L - P_H = 3 \times 2 - 2 \times 2 - 1 = 1$$

即此机构自由度为 1，说明只要有 1 个主动件，机构的运动就能确定，这与实际情况完全相符。

图 1-22　凸轮机构

（3）虚约束

在机构中，有些运动副引入的约束与其他运动副引入的约束相重复，因而这种约束形式上存在，但实际上对机构的运动并不起独立限制作用，这种约束称为虚约束。如图 1-23（a）所示机构中，AB 平行且等于 CD，称为平行四边形机构，该机构中，连杆 2 做平动，其上各点的轨迹均为圆心在 AD 线上而半径等于 AB 的圆弧，根据式（1-1）得该机构的自由度为：

$$F = 3 \times 3 - 2 \times 4 = 1$$

而图 1-23（b）所示机构的自由度为：

$$F = 3 \times 4 - 2 \times 6 = 0$$

$F = 0$ 则表明此机构是不能运动的，这显然和实际情况不符。这是由于引入了杆 EF 的结果。由于 EF 平行并等于 AB 及 CD，故杆 5 上 E 点的轨迹与杆 2 上 E 点的轨迹重合，因此，EF 杆所带进的约束为虚约束，计算时先将其去掉。但如果不满足上述几何条件，则 EF 杆带进的为有效约束，此时机构的自由度为 0。

图 1-24 所示的是蒸汽机车动力轮的联动机构，它是图 1-23 所示平行四边形机构的具体应用。

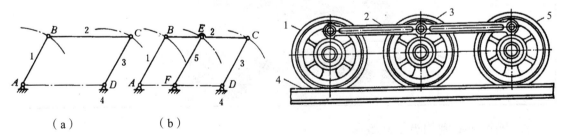

图 1-23　虚约束　　　　　　　　　　　　图 1-24　机车联动机构

对于平面机构来说，虚约束常在下列情况下发生：

① 轨迹重合。机构中两构件相连，连接前被连接件上连接点的轨迹和连接件上连接点的轨迹重合，如图 1-23（b）所示。

② 两构件同时在几处接触并构成几个移动副，且各移动副的导路互相平行或重合。如图 1-22 所示，只算一个移动副，其余是虚约束。

③ 两构件间在几处构成转动副且各转动副轴线重合时，只有一个转动副起作用，其余为虚约束。例如一根轴上安装多个轴承。

④ 机构中对传递运动不起独立作用的对称部分。例如图 1-25 所示轮系，中心轮 1 经过两个对称布置的小齿轮 2 和 2′ 驱动内齿轮 3，其中有一个小齿轮对传递运动不起独立作用。这是为了改善受力情况而装设的，实际上只需要一个小轮就能满足运动要求。

虚约束对机构运动虽然不起作用，但可以增加构件的刚性，改善受力情况，因而在机构中经常出现。

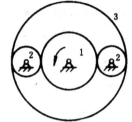

图 1-25　轮系

【任务实施】

1. 工具及材料准备

本任务所需的工具及材料如下：机械手 1 只；机构运动简图一份，如图 1-17 所示（在任务 2 中已经给出）。

2. 确定活动构件数

将机械手固定，来回搬动机械手爪，观察有相对运动的构件，通过分析，得出活动构件共有 6 件，如表 1-5 所示。

表 1-5　活动构件数量

序 号	名 称	示 意 图	数 量	备 注
1	齿轮杆		2 个	
2	连杆		2 个	
3	手爪		2 个	

3. 确定运动副的类型及数量

在图 1-17 所示的机械手运动简图中，底座为支架，其他为活动构件。

先分析该机构中是否有复合铰链、局部自由度和虚约束。

通过分析机构运动，发现该机构没有复合铰链、虚约束和局部自由度。其运动副包括：

① 铰链 1,2,3,4,5,6,7,8 均为转动副，数量 8 个，属于低副。

② 齿轮Ⅰ和齿轮Ⅱ构成齿轮副，数量 1 个，属于高副。

4. 机械手自由度的计算

$$F = 3n - 2P_L - P_H = 3 \times 6 - 2 \times 8 - 1 = 1$$

这说明机械手只要有 1 个原动件，就可以有确定的运动形式。其原动件为齿轮杆，由舵机带动做往复摆动，而不是旋转运动。

【综合练习】

① 通过学习，我们知道平面运动的物体有 3 个自由度，那么空间运动的物体有多少自由度？

② 在进行自由度计算时，其中的 n 指的是什么？

③ 计算如图 1-26 所示大筛机构的自由度。

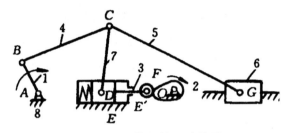

图 1-26 大筛机构运动简图

★ 知识拓展

一、金属材料的性能

金属材料的性能包括使用性能和工艺性能。使用性能是指金属材料在使用过程中所表现出的性能，主要有力学性能、物理性能（如导电性、导热性、热膨胀性等）和化学性能（如抗腐蚀性、抗氧化性等），材料的使用性能对零部件的工作能力有重要影响。工艺性能是指材料在加工过程中表现出来的性能，如热处理性能、铸造性能、锻造性能、焊接性能、切削加工性能等。

（一）金属材料的力学性能

金属材料的力学性能对金属零部件的承载能力有着至关重要的影响。力学性能是指材料在载荷作用下所表现出的性能，是材料抵抗外力作用而不发生破坏的能力。金属材料的力学性能主要包括强度、刚度、硬度、塑性、韧度和疲劳强度等。

1. 强 度

强度是指金属材料在静载荷作用下，抵抗塑性变形和断裂的能力。塑性变形是指金属在外力的作用下发生永久变形的能力。拉伸试验测定出的比例极限强度 σ_p、屈服强度 σ_s、抗拉强度 σ_b 均属于材料强度指标。

（1）静载荷拉伸试验

静载荷拉伸试验是最基本的、应用最广的材料力学性能试验。一方面，由静载荷拉伸试验测定的力学性能指标，如屈服强度、抗拉强度、延展率、断面收缩率等，可作为设计、评定材料和优选工艺的依据，具有重要的实际意义；另一方面，静载荷拉伸试验可以揭示材料的基本力学行为规律，也是研究材料力学性能的基本试验方法。所以，研究静载荷拉伸试验得到的应力-应变曲线和材料的基本力学性能指标具有重要意义。

静载荷拉伸试验所用试样一般为光滑圆柱试样，如图 1-27 所示，试样长度（标长）$l_0 = 10d_0$，d_0 为原始直径。静载荷拉伸试验通常是在室温和轴向加载条件下进行的，其特点是试验机加载轴线与试验轴相重合，载荷缓慢施加，应变与应力同步。

图 1-27　静载荷拉伸试验试样

在静载荷拉伸试验得到的应力-应变曲线上记载着材料力学行为的基本特征，应力-应变曲线是理解材料基本力学行为的基础和信息源。材料应力-应变曲线的应力和应变一般用条件应力 σ 和条件应变 ε 表示。

$$\sigma = F / A_0 \qquad (1-12)$$

$$\varepsilon = \Delta l / l_0 \qquad (1-13)$$

式中，F 为载荷，Δl 为试样伸长量，$\Delta l = l - l_0$，l_0 为试样原始标长。l 为与 F 相对应的标长部分的长度，A_0 为原始截面积。在拉伸过程中，试样长度增加，截面积减小，但在上述计算中，假设试样截面积和长度保持不变，因此称 σ 为条件应力或工程应力，ε 为条件应变或工程应变。

（2）金属材料的应力–应变曲线

a. 脆性材料的应力–应变曲线

铸铁是广泛使用的一种脆性材料，其拉伸时的应力-应变曲线如图 1-28 所示，图中无明显的直线部分，但工程中通常近似地用直线代替（图中虚线部分），该直线与横轴夹角的大小表示材料对弹性变形的抗力，用弹性模量 E 表示。

$$E = \tan \alpha$$

从图 1-28 中曲线可知，铸铁在拉伸过程中的变形不明显，没有屈服阶段和缩颈现象，断裂是突然出现的。直至拉断，塑性变形都很小，是典型的脆性材料，强度极限 σ_b 是铸铁唯一衡量其强度的标准。铸铁的抗拉强度极限很低，不宜用作受拉构件。工程上大多数玻璃、陶瓷、淬火状态的高碳钢等都具有类似的应力-应变曲线。

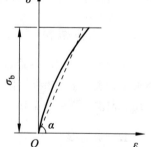

图 1-28　铸铁拉伸时的
应力-应变曲线

b. 塑性材料的应力–应变曲线

图 1-29 所示为对低碳钢进行拉伸试验得到的应力-应变曲线，低碳钢是生产实际中广泛使用的材料，它的力学性能十分具有代表性，其应力-应变曲线是工程塑性材料应力-应变曲线的一种典型形式。从图中可以看出低碳钢的整个拉伸过程大致可以分为以下四个阶段。

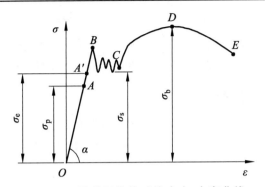

图 1-29 低碳钢拉伸时的应力-应变曲线

① 弹性阶段（图中 OA' 段）。图中 OA 为直线段，在此阶段，应力 σ 和应变 ε 呈正比关系，即胡克定律成立，有 $\sigma = E\varepsilon$。与 A 对应的应力是 σ_p，称为比例极限，是 σ 与 ε 成正比的最高极限。低碳钢的 $\sigma \approx 200$ MPa。OA' 段内，材料发生的是弹性变形。当应力 σ 小于 OA' 段对应的应力 σ_e 时，如卸去外力，则相应的应变 ε 将随之完全消失，σ_e 称为弹性极限。由于 σ_p 和 σ_e 很接近，应用时可认为二者相等，A 和 A' 可以认为是同一点。

② 屈服阶段（图中 BC 段）。当应力 $\sigma > \sigma_e$ 后，图上曲线出现接近水平的、有微小波动的锯齿线段，说明在此阶段内应力虽有微小的波动，但基本不变，而应变 ε 却迅速增加，表明此时材料暂时几乎失去抵抗变形的能力，这种现象称为材料的屈服。屈服阶段的最低应力值 σ_s 称为材料的屈服点（也称为屈服强度）。低碳钢的屈服点为 $\sigma_s = 220 \sim 240$ MPa。在这一阶段，材料发生明显的塑性变形。生产中绝大多数构件出现塑性变形后已不能正常工作，因此，屈服点常作为衡量材料是否破坏的强度指标，它反映了金属材料抵抗塑性变形的能力，是评定金属材料性能的重要指标，也是机械零件设计的主要依据。

$$\sigma_s = F_s / A_0$$

式中：F_s 为材料屈服时的最小载荷，N；A_0 为材料原始横截面积，mm^2。

③ 强化阶段（图中 CD 段）。过了屈服阶段后，图中曲线又开始逐渐上升，表明材料又恢复了抵抗变形的能力，要使它继续变形就必须增加拉力，这种现象称为材料的强化。曲线的最高点 D 所对应的应力值 σ_b 称为抗拉强度，它是材料能承受的最大应力值，是衡量金属材料力学性能的又一重要指标。低碳钢的 $\sigma_b \approx 400$ MPa。

$$\sigma_b = F_b / A_0$$

式中：F_b 材料拉断前承受的最大载荷，N；A_0 为材料原始横截面积，mm^2。

强化阶段后如卸载再加载，则出现材料的弹性极限提高而塑性降低的现象，称为冷作硬化。实际应用中经常利用这一性质来提高材料在弹性阶段的承载能力，如冷拉钢筋、冷拔钢丝等。

④ 缩颈断裂阶段（DE 段）。在强度极限之前，试件的变形是均匀的，过了抗拉强度之后，即曲线上的 DE 段，变形就集中在某一局部区域内，截面尺寸显著减小，出现缩颈现象，如图 1-30 所示，最后试件在缩颈处被拉断。

图 1-30 缩颈现象

2. 塑性

金属材料在载荷的作用下，产生塑性变形而不断裂的能力称为塑性。塑性的衡量指标为断后伸长率 δ 和断面收缩率 Ψ，可通过拉伸试验测得。

（1）断后伸长率 δ

试件被拉断后，弹性变形消失了，但塑性变形保留了下来，使试件标距由原长 l 变成了 l_1。两者之差 $l_1 - l$ 称为残余伸长，它与 l 之比的百分率称为材料的伸长率，用 δ 表示：

$$\delta = \frac{l_1 - l}{l} \times 100\%$$

伸长率 δ 表征材料塑性变形的程度，是衡量材料塑性大小的指标。通常将 $\delta \geqslant 5\%$ 的材料称为塑性材料，如钢铁、铝、铜等；把 $\delta < 5\%$ 的材料称为脆性材料，如铸铁、砖石、混凝土等。低碳钢 $\delta = 20\% \sim 30\%$，是典型的塑性材料。

（2）断面收缩率 Ψ

衡量材料塑性的另一个指标是断面收缩率 Ψ，表示为：

$$\Psi = \frac{A - A_1}{A} \times 100\%$$

式中，A_0 为试件初始横截面面积；A_1 为试件拉断后缩颈处的最小横截面面积。低碳钢的 $\Psi = 60\% \sim 70\%$。

3. 硬　度

硬度是指金属材料抵抗外物压入其表面，造成局部塑性变形、产生压痕或划痕的能力，是衡量金属材料软硬程度的一种力学性能。硬度是一项综合力学性能指标，可以反映出材料的强度和塑性，因此在零件图上常标出各种硬度指标作为技术要求。硬度与机械零件的耐磨性有直接联系，一般来说硬度越高的材料耐磨性越好。

材料的硬度是通过硬度试验得到的，硬度试验由于设备简单、操作方便并可以在成品或半成品上直接进行试验而不破坏试件，因而在生产中被广泛使用。测定材料硬度的方法主要有三种：压入法、回跳法和刻画法。工业上主要采用压入法，压入法测定的硬度值表明材料表面抵抗硬物侵入的能力，以材料表面局部塑性变形的大小比较被测材料的软硬。压入硬度分为布氏硬度、洛氏硬度、维氏硬度等。

（1）布氏硬度

布氏硬度测试的方法：使用一定的压力将淬火钢球或硬质合金球压入试样表面，保持规定的时间后卸除压力，于是在试件表面留下压痕，如图 1-31 所示，单位压痕表面积 A 上所承受的平均压力即定义为布氏硬度值，用符号 HBS（淬火钢球压头）或 HBW（硬质合金球压头）表示。

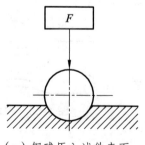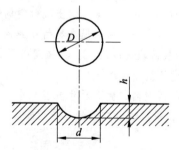

（a）钢球压入试件表面　　　　　　　（b）卸载后测定压痕直径 d

图 1-31　布氏硬度试验原理图

已知施加的压力 F，压头直径 D，只要测出试件表面上的压痕深度 h 或直径 d，即可按式（1-1）算出布氏硬度值，单位为 MPa，一般硬度值不表明单位。

$$\text{HB} = \frac{F}{A} = \frac{F}{\pi D h} = \frac{2F}{\pi D (D - \sqrt{D^2 - d^2})}$$

上式表明：当压力和压头直径一定时，压痕直径越大，硬度值越低，即材料的变形抗力越小；反之，硬度值越高，材料的变形抗力越大。在进行布氏硬度试验时，钢球直径 D、施加的载荷 F 和载荷保持的时间应根据被测试金属的种类和试样厚度而定，布氏硬度试验规范见表 1-6。

表 1-6 布氏硬度试验规范

材　料	硬度范围	球径 D/mm	F/D^2	保持时间/s
钢、铸铁	< 140	10，5，2.5	10	10 ~ 15
	≥140	10，5，2.5	30	10
非铁金属	30 ~ 130	10，5，2.5	10	30
	≥130	10，5，2.5	30	30
	< 35	10，5，2.5	2.5	60

布氏硬度试验压痕面积较大，损伤零件表面，且试验过程较麻烦，但试验结果较准确。因此布氏硬度试验适宜测试原材料、半成品、铸铁、有色金属及退火、正火、调制钢件，不适于检测成品件及太薄小件或过硬件。

（2）洛氏硬度

洛氏硬度在洛氏硬度机上测定，其试验原理如图 1-32 所示。用顶角为 120° 的金刚石圆锥体或直径为 1.588 mm 的淬火钢球作压头，先加初始试验力 F_0，压入金属表面，深度为 h_1，再加主试验力 F_1，在总试验力 F（$F = F_0 + F_1$）的作用下，压入深度为 h_2，保持一段时间后卸除主试验力 F_1 并保留初始试验力 F_0 后，由于金属弹性变形的恢复而使压头略有回升，则残余压痕深度增量（$e = h_2 - h_1$）值越小，材料硬度越高；e 值越大，材料硬度越低。用每 0.002 mm 的压痕深度为一个硬度单位，同时为适应人们习惯上数值越大、硬度越高的概念，采用一常数 K 减去 $e/0.002$ 表示硬度值 HR 的大小，如下所示：

$$\text{HR} = K - e/0.002$$

式中，K 是常数（金刚石压头的 K 为 100；淬火钢球压头的 K 为 130）。

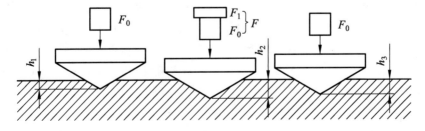

图 1-32 洛氏硬度试验原理图

为了在硬度机上测定不同硬度的材料，需要不同的压头和试验力组成不同的硬度标尺，并用字母在 HR 后边加以注明。常用的洛氏硬度标尺有 A、B、C 三种：HRA、HRB、HRC。洛氏硬度标注时，硬度值写在硬度符号前面，如 50 HRC。常用的洛氏硬度试验规范及应用举例见表 1-7。

表 1-7　常用洛氏硬度试验规范及应用举例　　　　　　　（单位：N）

硬度符号	测量范围	压头类型	初始试验力 F_0	主试验力 F_1	应用举例
HRA	20～88	金刚石圆锥体	98.07	490.3	硬质合金、表面淬火层
HRB	20～100	钢球	98.07	882.6	有色金属、退火、正火钢件
HRC	20～70	金刚石圆锥体	98.07	1373	淬火钢、调制钢件

洛氏硬度在生产中广泛应用，其优点是：测量迅速简便，压痕小，可在成品零件上检测。但由于压痕小，硬度值的准确性不如布氏硬度。因此通常在测试时选取不同位置的三点测量，再计算平均值作为被测件的硬度值。

（3）维氏硬度（HV）

维氏硬度测试的基本原理与布氏硬度相同，但压头采用锥面夹角为 136° 的金刚石正四棱锥体，如图 1-33 所示。维氏硬度试验所用载荷小，压痕深度浅，适用于测量零件薄的表面硬化层及硬度。试验载荷可任意选择，故可测试硬度范围宽，从极软的材料到极硬的材料都可以测量，尤其适用于零件表面硬度的测量，结构精确可靠。但测取维氏硬度值时，需要测量对角线的长度，然后查表或进行计算，而且试样表面要求较高，所以测量效率低，不适用于大批量测试，也不适用于组织不均匀材料（如灰铸铁）的测试。

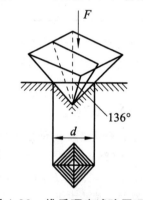

图 1-33　维氏硬度试验原理图

4. 疲劳强度

构件在低于屈服强度的交变应力作用下，经过较长时间工作，经一定循环次数后，无明显的塑性变形而发生的突然断裂现象，称为疲劳或疲劳断裂。疲劳断裂前由于没有明显的塑性变形，危险在零件断裂前很难被发觉，常造成严重事故。疲劳一般发生在零件的薄弱部位，如零件的应力集中部位或存在缺陷（划伤、夹渣、显微裂纹等）处，在这些位置十分容易产生细微裂纹，即疲劳源。在交变载荷的作用下，微裂纹进一步扩展，达到一定的临界尺寸，突然发生脆性断裂。

试验证明，金属材料能承受的交变应力与断裂前的应力循环基数有关。当应力低到一定值时，材料可经无限次应力循环而不发生失效，该应力即为材料的疲劳强度，或称为疲劳极限。一般交变应力越小，材料断裂前所能承受的循环次数越多；反之，交变应力越大，可循环的次数越少。工程上用的疲劳强度所对应的循环次数并不是无限次，而是一个很大的数而已，即疲劳强度实际上是指构件在经历一定循环基数下不发生断裂的最大应力，通常钢铁材料的循环基数为 10^7，有色金属材料的循环基数为 10^8。

5. 韧　　性

强度、塑性和硬度是静载荷作用下的力学性能指标。而许多部件是在冲击力作用下工作的，如活塞连杆组、机构缓冲装置等。这些零件不仅要满足静力作用下的性能指标，还要有足够的韧性。韧性是指金属在断裂前吸收变形能量的能力，它表示材料抗冲击的能力。韧性评价指标是通过冲击试验确定的。

韧性常用的试验方法是摆锤式一次冲击试验法，它是在专门的摆锤试验机上进行的，如图 1-34 所示。试验时首先将材料按国家标准规定制成标准冲击试样，然后将试样缺口背向摆锤冲击方向放在试验机支座上。摆锤举高至 h_1 高度，然后自由下落，摆锤冲断试样后，升至 h_2 高度。摆锤冲断试样所消耗的能量，即试样在冲击力一次作用下折断时所吸收的功，称为冲击吸收功，用符号 A_K 表示。

$$A_K = mgh_1 - mgh_2 = mg(h_1 - h_2)$$

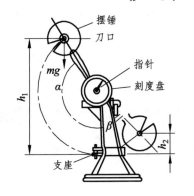
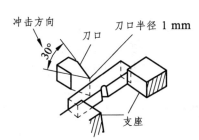
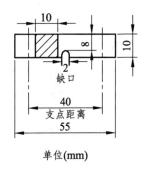

单位(mm)

图 1-34 摆锤冲击试验

A_K 值不需计算，可由试验从刻度盘上直接读出。冲击试验缺口底部单位横截面积上的冲击吸收功，称为冲击韧度，用符号 α_K 表示，单位为 J/cm²，计算方法如下所示：

$$\alpha_K \frac{A_K}{A} = \frac{mg(h_1 - h_2)}{A}$$

式中，A 为试样缺口底部单位横截面积，单位为 cm²。冲击吸收功越大，材料韧性越好，在受到冲击时越不容易断裂。

（二）金属材料的工艺性能

金属材料的工艺性能是指金属材料对不同加工工艺方法的适应能力，包括铸造性能、锻造性能、焊接性能、切削加工性能和热处理性能。

1. 铸造性（可铸性）

铸造性是指金属材料能用铸造的方法获得合格铸件的性能。铸造性主要包括流动性、收缩性和偏析。流动性是指液态金属充满铸模的能力。收缩性是指铸件凝固时体积收缩的程度。偏析是指金属在冷却凝固过程中，因结晶先后差异而造成金属内部化学成分和组织的不均匀性。

2. 可锻性

可锻性是指金属材料在压力加工时，能改变形状而不产生裂纹的性能。它包括在热态或冷态下能够进行锤锻、轧制、拉伸、挤压等加工。可锻性的好坏主要与金属材料的化学成分有关。

3. 切削加工性（可切削性，机械加工性）

切削加工性是指金属材料被刀具切削加工后而成为合格工件的难易程度。切削加工性好坏常用加工后工件的表面粗糙度、允许的切削速度以及刀具的磨损程度来衡量。它与金属材料的化学成分、力学性能、导热性及加工硬化程度等诸多因素有关。通常是用硬度和韧性作为切削加工性好坏的大致判断。一般来讲，金属材料的硬度愈高愈难切削，硬度虽不高；但韧性大，切削也较困难。

4. 焊接性（可焊性）

焊接性是指金属材料对焊接加工的适应性能，主要是指在一定的焊接工艺条件下，获得优质焊接接头的难易程度。它包括两个方面的内容：一是结合性能，即在一定的焊接工艺条件下，一定的金属形成焊接缺陷的敏感性；二是使用性能，即在一定的焊接工艺条件下，一定的金属焊接接头对使用要求的适应性。

5. 热处理

金属材料的性质主要决定于内部的显微组织（或称为金相组织）。即使化学成分相同的金属材料，施以不同的机械加工或热处理，其内部组织产生变化所显现的物理或机械性质，如硬度、抗拉强度等都会有明显的差异。

所谓热处理就是将金属材料进行适当的加热与冷却，同时控制温度、时间及速率来调整内部组织以达到所需求的性质的一种处理方式。热处理主要有以下方法。

（1）退火

退火是指金属材料加热到适当的温度，保持一定的时间，然后缓慢冷却的热处理工艺。常见的退火工艺有：再结晶退火，去应力退火，球化退火，完全退火等。退火的目的：主要是降低金属材料的硬度，提高塑性，以利于切削加工或压力加工，减少残余应力，提高组织和成分的均匀化，或为后道热处理做好组织准备等。

（2）正火

正火是指将钢材或钢件加热到 Ac_3 或 Ac_m（钢的上临界点温度）以上 $30 \sim 50 \,℃$，保持适当时间后，在静止的空气中冷却的热处理工艺。正火的目的：主要是提高低碳钢的力学性能，改善切削加工性，细化晶粒，消除组织缺陷，为后道热处理做好组织准备等。

（3）淬火

淬火是指将钢件加热到 Ac_3 或 Ac_1（钢的下临界点温度）以上某一温度，保持一定的时间，然后以适当的冷却速度获得马氏体（或贝氏体）组织的热处理工艺。常见的淬火工艺有盐浴淬火、马氏体分级淬火、贝氏体等温淬火、表面淬火和局部淬火等。淬火的目的：使钢件获得所需的马氏体组织，提高工件的硬度、强度和耐磨性，为后道热处理做好组织准备等。

（4）回火

回火是指钢件经淬硬后，再加热到 Ac_1 以下的某一温度，保温一定时间，然后冷却到室温的热处理工艺。常见的回火工艺有：低温回火，中温回火，高温回火和多次回火等。回火的目的：主要是消除钢件在淬火时所产生的应力，使钢件不仅具有高的硬度和耐磨性，还具有所需要的塑性和韧性等。

（5）调质

调质是指将钢材或钢件进行淬火及回火的复合热处理工艺。使用于调质处理的钢称为调质钢。它一般是指中碳结构钢和中碳合金结构钢。

（6）化学热处理

化学热处理是指金属或合金工件置于一定温度的活性介质中保温，使一种或几种元素渗入它的表层，以改变其化学成分、组织和性能的热处理工艺。常见的化学热处理工艺有：渗碳，渗氮，碳氮共渗，渗铝，渗硼等。化学热处理的目的：主要是提高钢件表面的硬度、耐磨性、抗蚀性、抗疲劳强度和抗氧化性等。

（7）固溶处理

固溶处理是指将合金加热到高温单相区恒温保持，使过剩相充分溶解到固溶体中后快速冷却，以得到过饱和固溶体的热处理工艺。固溶处理的目的：主要是改善钢和合金的塑性和韧性，为沉淀硬化处理做好准备等。

（8）沉淀硬化（析出强化）

沉淀硬化是指金属在过饱和固溶体中溶质原子偏聚区和（或）由之脱溶出微粒弥散分布于基体中而导致硬化的一种热处理工艺。例如，奥氏体沉淀不锈钢在固溶处理后或经冷加工后，在 $400 \sim 500\ ^{\circ}\mathrm{C}$ 或 $700 \sim 800\ ^{\circ}\mathrm{C}$ 进行沉淀硬化处理，可获得很高的强度。

（9）时效处理

时效处理是指合金工件经固溶处理、冷塑性变形或铸造、锻造后，在较高的温度放置或室温保持，其性能、形状、尺寸随时间而变化的热处理工艺。若采用将工件加热到较高温度，并较长时间进行时效处理的时效处理工艺，称为人工时效处理。若将工件放置在室温或自然条件下长时间存放而发生的时效现象，称为自然时效处理。时效处理的目的：消除工件的内应力，稳定组织和尺寸，改善机械性能等。

（10）淬透性

淬透性是指在规定条件下，决定钢材淬硬深度和硬度分布的特性。钢材淬透性好与差，常用淬硬层深度来表示。淬硬层深度越大，则钢的淬透性越好。钢的淬透性主要取决于它的化学成分，特别是与含增大淬透性的合金元素及晶粒度、加热温度和保温时间等因素有关。淬透性好的钢材，可使钢件整个截面获得均匀一致的力学性能以及可选用钢件淬火应力小的淬火剂，以减少变形和开裂。

（11）临界直径（临界淬透直径）

临界直径是指钢材在某种介质中淬冷后，心部得到全部马氏体或 50% 马氏体组织时的最大直径，一些钢的临界直径一般可以通过油中或水中的淬透性试验来获得。

（12）二次硬化

某些铁碳合金（如高速钢）须经多次回火后，才能进一步提高其硬度。这种硬化现象称为二次硬化，它是由于特殊碳化物析出和（或）由于参与奥氏体转变为马氏体或贝氏体所致。

（13）回火脆性

回火脆性是指淬火钢在某些温度区间回火或从回火温度缓慢冷却通过该温度区间的脆化

现象。回火脆性可分为第一类回火脆性和第二类回火脆性。第一类回火脆性又称不可逆回火脆性，主要发生在回火温度为 250～400 ℃ 时；当重新加热脆性消失后，重复在此区间回火，则不再发生脆性。第二类回火脆性又称可逆回火脆性，发生的温度在 400～650 ℃，当重新加热脆性消失后，应迅速冷却，不能在 400～650 ℃ 区间长时间停留或缓冷，否则会再次发生催化现象。回火脆性的发生与钢中所含合金元素有关，如锰、铬、硅、镍会产生回火脆性倾向，而钼、钨有减弱回火脆性倾向。

二、铁碳合金

碳素钢的主要成分是铁和碳，二者并不是孤立存在的，而是以铁碳合金的形式存在，是以铁和碳为组元的二元合金。

合金的性能比纯金属的优异，主要是因为合金的结构与组织与纯金属不同，而合金的组织是合金结晶后得到的，合金相图就是反映合金结晶过程的重要资料，也是制定各种热加工工艺的重要理论依据。

（一）几个重要概念

1. 相

金属材料的相是指具有相同结构、相同成分和性能（也可以是连续变化的），并以界面相互分开的均匀组成部分，例如，液相、固相是两个不同的相。在室温时只由一个相组成的合金称为单相合金，由两个相组成的合金称为两相合金。由多个相组成的合金称为多相合金。

2. 组织

金属材料的组织是指用肉眼或显微镜观察到的材料内部形貌图像，一般用肉眼观察到的称为宏观组织，用显微镜放大后观察到的组织称为微观组织。

材料的组织是由相组成的，当组成相的数量、大小、形态和分布不同时，其组织也就不同。从而导致其性能不同，因此可以通过改变合金的组织来改变合金的性能。

3. 合金系

由给定的若干组元按不同的比例配制成的一系列不同成分的合金，为一个合金系统，简称为合金系。如由 A、B 两个组元配制成的称为 A-B 二元系，同样，由三个组元或多个组元配制成的称为三元系合金或多元系合金。

由于组成合金的各组元的结构和性质不同，因此它们在组成合金时，它们之间的相互作用也就不同，所以它们之间可以形成许多不同的相。但按这些相的结构特点，可以将它们分为两大类：即固溶体和金属间化合物。

固溶体的主要特点是：其晶体结构与溶剂组元的结构相同；而金属间化合物的主要特点是其晶体结构与两组元的结构均不相同，而是一种新的晶体结构。

4. 固溶体

固溶体是指由两种或两种以上组元在固态下相互溶解而形成的具有溶剂晶格结构的单一的、均匀的物质。固溶体中含量较多的并保留原有晶格结构的组元称为溶剂；固溶体中含量较少的并失去原有晶格结构的组元称为溶质。

（1）固溶体按溶质原子占据的位置不同分类

① 置换固溶体：是溶质原子占据溶剂晶格中某些结点位置而形成的固溶体，它主要在金属元素之间形成。

② 间隙固溶体：是溶质原子占据溶剂晶格间隙而形成的固溶体，它主是由原子半径很小（＜0.1 nm）的非金属元素氢、氧、氮、碳、硼与金属元素之间形成。

（2）固溶体按溶质原子的溶解度分类

① 有限固溶体。其溶质原子在溶剂晶格中的溶解量具有一定的限度，超过该限度，它们将形成其他相。例如，间隙固溶体只能是有限固溶体，因为晶格间隙是有限的。又如，碳在面心立方的 γ-Fe 中的最大固溶度为 2.11%（质量），而在体心立方中最大只能溶解 0.021 8%，但体心立方晶格的致密度比面心立方的低，理应具有较高的溶解度。此例说明，间隙固溶体的溶解度与溶剂的晶格类型有关，不同的晶格类型其间隙的大小和类型也不相同，另外还发现，随着温度的升高，固溶体的溶解度增大，而随着温度的降低，固溶体的溶解度会减小。这样，在高温时具有较大溶解度的固溶体到低温时会从中析出新相（多余的溶质与部分溶剂所形成）。

② 无限固溶体。即溶质能以任意比例溶入溶剂所形成的固溶体，其溶解度可达 100%，即两组元可连续无限置换。

但并不是所有的置换固溶体都能形成无限固溶体，只有当两组元具有相同的晶格类型，并且原子尺寸相差不大，负电性相近（在元素周期表中比较靠近）时，才可能形成无限固溶体。即使形成有限固溶体，它们之间的溶解度也较大。

（3）固溶体按溶质原子在晶格中的分布状态分类

① 无序固溶体：溶质原子占据溶剂晶格结点的位置是随机的、任意的和不固定的。

② 有序固溶体：溶质原子只占据溶剂晶格结点的某几个固定位置，这样的固溶体也称为超结构或超点阵固溶体。

5. 金属间化合物

两组元在组成合金时，当它们的溶解度超过固溶体的极限溶解度后，将形成新的合金相，这种新相一般称为化合物。化合物通常可以分为金属间化合物和非金属化合物。

（1）金属间化合物

金属间化合物是指两组元（金属之间、金属与类金属 Pb、Sn、Bi、Sb 等或少数非金属）在一定成分范围内形成的不同于原两组元晶体结构，并具有金属特性的物质。

（2）非金属化合物

非金属化合物是指金属与非金属、非金属与非金属之间形成的、不同于原两组元晶体结构的、没有金属特性的物质，如 FeS、MnS、NaCl 等，它们在金属材料中的数量很少，以杂质形式存在，通常称为非金属夹杂物，但它们的存在对金属材料性能的影响却很坏。这在后面章节将介绍，下面我们着重介绍金属间化合物。

（3）金属间化合物的一般特点

金属间化合物是在固溶体达到极限溶解度后形成的，它一般处在合金相图的中间部位，故又称为中间相。它的特点是结合键具有多样性，晶体结构与两组元不同，并且有多样性、高的熔点、硬度和脆性，当在合金中分布合理时，可起强化相作用，能提高金属材料的强度、硬度、耐磨性和耐热性；但当它在金属中的数量过多时，会使合金的塑性、韧性大大降低，所以它不能单独作为结构材料使用。

（二）铁碳合金的基本组织

铁碳合金的基本组织有铁素体、奥氏体、渗碳体、珠光体和莱氏体。

1. 铁素体

碳溶入 α-Fe（温度在 912 ℃ 以下的纯铁）中形成的间隙固溶体称为铁素体（见图 1-35），用符号 F 表示。铁素体具有体心立方晶格，这种晶格的间隙分布较分散，所以间隙尺寸很小，溶碳能力较差，在 727 ℃ 时碳的溶解度最大为 0.021 8%，室温时几乎为零。铁素体的塑性、韧性很好（δ = 30% ~ 50%、α_K = 160 ~ 200 J/cm^2），但强度、硬度较低（σ_b = 180 ~ 280 MPa、σ_s = 100 ~ 170 MPa、硬度为 50 ~ 80 HBS）。

2. 奥氏体

碳溶入 γ-Fe（将纯铁加热，当温度到达 912 ℃ 时，由 α-Fe 转变为 γ-Fe）中形成的间隙固溶体称为奥氏体（见图 1-36），用符号 A 表示。奥氏体具有面心立方晶格，其致密度较大，晶格间隙的总体积虽较铁素体小，但其分布相对集中，单个间隙的体积较大，所以 γ-Fe 的溶碳能力比 α-Fe 大，727 ℃ 时溶解度为 0.77%，随着温度的升高，溶碳量增多，1 148 ℃ 时其溶解度最大为 2.11%。

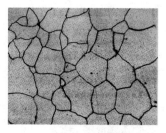

图 1-35　铁素体的显微组织（200×）

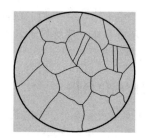

图 1-36　奥氏体的显微组织示意图

奥氏体常存在于 727 ℃ 以上，是铁碳合金中重要的高温相，强度和硬度不高，但塑性和韧性很好（σ_b ≈ 400 MPa、δ ≈ 40% ~ 50%、硬度为 160 ~ 200 HBS），易锻压成形。

3. 渗碳体

渗碳体是铁和碳相互作用而形成的一种具有复杂晶体结构的金属化合物，常用化学分子式 Fe$_3$C 表示。渗碳体中碳的质量分数为 6.69%，熔点为 1 227 ℃，硬度很高（800 HBW），塑性和韧性极低（δ ≈ 0、α_K ≈ 0），脆性大。渗碳体是钢中的主要强化相，其数量、形状、大小及分布状况对钢的性能影响很大。

4. 珠光体

珠光体是由铁素体和渗碳体组成的多相组织,用符号 P 表示。珠光体中碳的质量分数平均为 0.77%,由于珠光体组织是由软的铁素体和硬的渗碳体组成,因此,它的性能介于铁素体和渗碳体之间,即具有较高的强度($\sigma_b = 770 \text{ MPa}$)和塑性($\delta = 20\% \sim 25\%$),硬度适中(180 HBS)。

5. 莱氏体

碳的质量分数为 4.3% 的液态铁碳合金冷却到 1 148 ℃ 时,同时结晶出奥氏体和渗碳体的多相组织称为莱氏体,用符号 Ld 表示。在 727 ℃ 以下莱氏体由珠光体和渗碳体组成,称为变态莱氏体,用符号 Ld′ 表示。莱氏体的性能与渗碳体相似,硬度很高,塑性很差。

(三)铁碳合金相图

铁碳合金(Fe-Fe₃C)相图如图 1-37 所示。

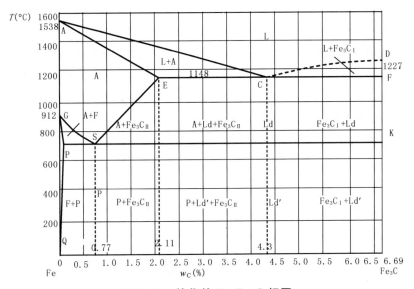

图 1-37 简化的 Fe-Fe₃C 相图

1. 相图中的主要特性线

ACD 线为液相线,在 ACD 线以上合金为液态,用符号 L 表示。液态合金冷却到此线时开始结晶,在 AC 线以下结晶出奥氏体,在 CD 线以下结晶出渗碳体,称为一次渗碳体,用符号 Fe₃C₁ 表示。

AECF 线为固相线,在此线以下合金为固态。液相线与固相线之间为合金的结晶区域,这个区域内液体和固体共存。

ECF 线为共晶线,温度为 1 148 ℃。

PSK 线为共析线,又称 Al 线,温度为 727 ℃。即 S 点成分的奥氏体缓慢冷却到共析温度(727 ℃)时,同时析出 P 点成分的铁素体和渗碳体。共析转变后的产物称为珠光体,S 点称为共析点。凡是碳的质量分数为 0.021 8% ~ 6.69% 的铁碳合金均会发生共析转变。

ES 线是碳在 γ-Fe 中的溶解度曲线,又称 Acm 线。碳在 γ-Fe 中的溶解度随温度的下降而减小,在 1 148 ℃ 时溶解度为 2.11%,到 727 ℃ 时降为 0.77%。

石墨 S 线，是冷却时由奥氏体中析出铁素体的开始线。PQ 线是碳在 α-Fe 中的固态溶解度曲线。

2. 相图中的主要特性点

S 点——共析转变点。C 点——共晶转变点。E 点——钢、铁分界点。

（四）铁碳合金的分类

根据碳的质量分数和室温组织的不同，可将铁碳合金分为以下三类：

① 工业纯铁，$w_C \leqslant 0.021\,8\%$。

② 钢，$0.021\,8\% < w_C \leqslant 2.11\%$。根据室温组织的不同，钢又可分为三种：共析钢、亚共析钢、过共析钢。

③ 白口铁，$2.11\% < w_C < 6.69\%$。根据室温组织的不同，白口铁又可分为三种：共晶白口铁、亚共晶白口铁、过共晶白口铁。

三、合金结构钢

大多数零部件的工作环境都比较复杂，有些零部件要承受较大的载荷，采用普通碳素钢不能满足其技术要求。在碳素结构钢的基础上添加一些合金元素就形成了合金结构钢。与碳素结构钢相比，合金结构钢具有较高的淬透性，较高的强度和韧性。用合金结构钢制造的各类机械零部件具有优良的综合机械性能，从而保证了零部件的安全使用。

（一）普通低合金结构钢

1. 用途

普通低合金结构钢（简称普低钢）是在低碳素结构钢的基础上加入少量合金元素（总 $w_{Me} < 3\%$）得到的钢。这类钢比相同碳质量分数的碳素钢的强度约高 $10\% \sim 30\%$，因此又常被称为"低合金高强度钢"。这类钢被广泛应用于桥梁、船舶、管道、车辆、锅炉、建筑等方面，是一种常用的工程机械用钢。

与低碳钢相比，普低钢不但具有良好的塑性和韧性以及焊接工艺性能，而且还具有较高的强度，较低的冷脆转变温度和良好的耐腐蚀能力。因此，用普低钢代替低碳钢，可以减少材料和能源的损耗，减轻机车结构件的自重，增加可靠性，还可以安全地使用在北方高寒地区和要求抵抗腐蚀的部件。

2. 成分特点

① 普低钢中碳的平均质量分数一般不大于 0.2%C（保证较好的塑性和焊接性能）。

② 加入锰（是普低钢的主加元素）平均质量分数在 $(1.25 \sim 1.5)\%$Mn 之间。锰可以溶入铁素体起固溶强化作用，还可以通过对 Fe-Fe₃C 相图中 S 点影响，增加组织中珠光体的量并使之细化。

③ 加入硅也是为了起到固溶强化的作用，提高钢材的强度。

④ 加入铌、钒、钛等强碳化物形成元素，起到第二相弥散强化和阻碍奥氏体晶粒长大的作用。

⑤ 加入铜、磷等元素则是为了提高钢的抗腐蚀能力。

普低钢通常是在热轧或正火状态下使用，一般不再进行热处理。

（二）易切削钢

为了提高钢的切削加工性能，常常在钢中加入一种或数种合金元素，形成了易切削钢，常用的合金元素有硫、铅、钙、磷等。硫与钢中的锰和铁有较大的亲和力，易形成 MnS（或 FeS）夹杂物。含硫的夹杂物会使切屑容易脆断，还起到减摩作用，减少切屑和刀具的接触面积和黏附在刀刃上切屑的量，从而降低了切削力和切削热，降低了工件表面的粗糙度值，延长了刀具的使用寿命。但是，钢中硫的质量分数过高时，会形成低熔点共晶组织，产生热脆现象。因此，一般在易切削钢中，S% ＝（0.08～0.30）%，Mn% ＝（0.60～1.55）%，当硫化锰呈圆形均匀分布时，在降低热脆发生的同时，还可以进一步提高切削加工性能。

铅不溶于铁，当它以孤立的细小的颗粒（约 3 um）均匀分布在钢中时，可以改善钢的切削加工性能。铅的加入会降低摩擦系数，使切屑变脆易断，降低切削热。铅对钢的冷热加工性无明显的不利影响，但当铅质量分数过高时，会造成偏析，恶化钢的性能，一般将铅控制在（0.15%～0.25%）Pb 范围之内。

钙在钢中能形成高熔点钙铝硅酸盐依附在刀具上构成一层薄薄的保护膜，降低刀具的磨损，延长其使用寿命。一般微量钙（0.001%～0.005%Ca）的加入就可以明显改善钢在高速切削下的切削工艺性能。

对切削加工性能要求较高的，可选用硫质量分数较高的 Y15；对焊接性能要求较高的，可选用硫质量分数较低的 Y12；对强度有较高要求的，可选用 Y30。车床丝杠一般选用锰质量分数较高的 Y40Mn；而在自动机床上加工的零件则大多选用低碳易切削钢。

（三）渗碳钢

渗碳钢是指适宜进行渗碳处理，并经淬火和低温回火处理后，使零件表面硬度和耐磨性显著提高，而心部保持适当强度和良好韧性的结构钢。

1. 工作条件和性能要求

某些机械零件，如内燃机车的柴油机正对齿轮、凸轮轴、活塞销等，在工作时经常既承受强烈的摩擦磨损和交变应力的作用，又承受着较强烈的冲击载荷的作用，一般的低碳钢即使经渗碳处理也难以满足这样的工作条件。为此，在低碳钢的基础上添加一些合金元素形成合金渗碳钢，经渗碳和热处理后表面具有较高的硬度和耐磨性，心部则具有良好的塑性和韧性，同时达到了外硬内韧的效果，保证了比较重要的机械零件在复杂工作条件下的正常运行。

2. 化学成分

① C：0.10%～0.25%，可保证心部有良好的塑性和韧性。

② 加入合金元素 Ni、Cr、Mn、B 等，作用是提高淬透性，强化铁素体，改善表面和心部的组织与性能。镍在提高心部强度的同时还能提高韧性和淬透性。

③ 加入微量的 Mo、W、V、Ti 等合金元素，是为了形成稳定的合金碳化物，防止渗碳时晶粒长大，提高渗碳层的硬度和耐磨性。

3. 热处理特点

预先热处理一般采用正火工艺，渗碳后热处理一般是淬火加低温回火，或是渗碳后直接淬火。

渗碳后工件表面碳的质量分数可达到（0.80%～1.05%）C，热处理后表面渗碳层的组织是回火马氏体＋合金碳化物＋残余奥氏体，硬度可达到（60～62）HRC。心部组织与钢的淬透性和零件的截面尺寸有关，全部淬透时为低碳回火马氏体＋铁素体，硬度为（40～48）HRC。未淬透时为索氏体＋铁素体，硬度为（25～40）HRC。

4. 常用渗碳钢

按淬透性的高低不同，合金渗碳钢可分为低、中、高淬透性钢三类。

① 低淬透性合金渗碳钢。有 15Cr、20Cr、20Mn2、20MnV 等，这类钢碳和合金元素总的质量分数（Me < 2%）较低，淬透性较差，水淬临界直径约为（20～35）mm，心部强度偏低。通常用来制造截面尺寸较小、受冲击载荷较小的耐磨件，如活塞销、小齿轮、滑块等。这类钢渗碳时心部晶粒粗化倾向大，尤其是锰钢，因此当它们的性能要求较高时，常常采用渗碳后再在较低的温度下加热淬火。

② 中淬透性合金渗碳钢。有 20CrMnTi、20CrMn、20CrMnMo、20MnVB 等。这类钢合金元素的质量分数（w_{Me}≤4%）较高，淬透性较好，油淬临界直径约为（25～60）mm，渗碳淬火后有较高的心部强度。可用来制作承受中等动载荷的耐磨件，如齿轮、花键轴套、齿轮轴、联轴节等。这类钢含碳化物形成元素 V、Cr 等，渗碳时晶粒长大倾向较小，可采用渗碳后直接淬火工艺，提高了生产效率，并且节约了能源。

③ 高淬透性合金渗碳钢。有 18Cr2Ni4WA、20Cr2Ni4A 等。这类钢的合金元素的质量分数更高（w_{Me}≤7.5%），在铬、镍等多种合金元素的共同作用下，淬透性很高，油淬临界直径大于 100 mm，淬火和低温回火后心部有很高的强度。这类钢主要用来制作承受重载和强烈磨损的零件，如内燃机车的牵引齿轮、柴油机的曲轴和连杆等。

（四）调质钢

经调质处理后使用的钢称为调质钢，根据其是否含合金元素分为碳素调质钢和合金调质钢。

1. 工作条件和性能要求

机车很多重要的机械零件如万向轴、主轴承螺栓、连杆等大多工作在受力复杂、负荷较重的条件下，要求具有较高水平的综合力学性能，即要求较高的强度与良好的塑性与韧性相配合。

不同的零件受力状况不同，其对性能要求的侧重也有所不同。整个截面受力都比较均匀的零件，如只受单向拉、压、剪切的连杆，要求截面处强度与韧性都要有良好的配合。截面受力不均匀的零件，如表层受拉应力较大、心部受拉应力较小的螺栓，则表层强度比心部就要要求高一些。

2. 化学成分

调质钢一般是中碳钢，钢中碳的质量分数在（0.30%～0.50%）C 之间，碳含量过低，强度、硬度得不到保证；碳含量过高，塑性、韧性不够，而且使用时也会发生脆断现象。

合金调质钢的主加元素是铬、镍、硅、锰，它们的主要作用是提高淬透性，并能够溶入铁素体中使之强化，还能使韧性保持在较理想的水平。钒、钛、钼、钨等细化晶粒能提高钢的回火稳定性；钼、钨还可以减轻和防止钢的第二类回火脆性；微量硼对 C 曲线有较大的影响，能明显提高淬透性；铝则可以加速钢的氮化过程。

3. 热处理特点

预先热处理采用退火或正火工艺，目的是改善锻造组织，细化晶粒，为最终热处理作组织上的准备。最终热处理是淬火 + 高温回火，淬火加热温度在 850 ℃ 左右，回火温度在 500~650 ℃ 之间。合金调质钢的淬透性较高，一般都在油中淬火，合金元素质量分数较高的钢甚至在空气中冷却也可以得到马氏体组织。为了避开第二类回火脆性发生区域，回火后通常进行快速冷却。

热处理组织是回火索氏体，某些零件除了要求良好的综合力学性能外，表面对耐磨性还有较高的要求，这样在调质处理后还可以进行表面淬火或氮化处理。

根据零件的实际要求，调质钢也可以在中、低温回火状态下使用，这时得到的组织是回火托氏体或回火马氏体。它们的强度高于调质状态下的回火索氏体，但冲击韧性值较低。

4. 常用调质钢

合金调质钢可按其淬透性的高低分为三类。

① 低淬透性合金调质钢。多为锰钢、硅锰钢、铬钢、硼钢，有 40Cr、40MnB、40MnVB 等。这类钢合金元素总的质量分数（Me < 2.5%）较低，淬透性不高，油淬临界直径约为 20~40 mm，常用来制作中等截面的零件，如柴油机曲轴、连杆、螺栓等。

② 中淬透性合金调质钢。多为铬锰钢、铬钼钢、镍铬钢，有 35CrMo、38CrMoAl、38CrSi、40CrNi 等。这类钢合金元素的质量分数较高，油淬临界直径大于 40~60 mm，常用来制作大截面、重负荷的重要零件，如内燃机曲轴、变速箱主动轴等。

③ 高淬透性合金调质钢。多为铬镍钼钢、铬锰钼钢、铬镍钨钢，有 40CrNiMoA、40CrMnMo、25Cr 石墨 Ni4WA 等。这类钢合金元素的质量分数最高，淬透性也很高，油淬临界直径大于 60~100 mm。铬和镍的适当配合，使此类钢的力学性能更加优异。主要用来制造截面尺寸更大、承受更重载荷的重要零件，如汽轮机主轴、叶轮、航空发动机轴等。

（五）弹簧钢

用来制造各种弹性零件，如板簧、螺旋弹簧、钟表发条等的钢，称为弹簧钢。

1. 工作条件和性能要求

弹簧是广泛应用于交通、机械、国防、仪表等行业及日常生活中的重要零件，在机车上应用较为广泛。主要工作在冲击、振动、扭转、弯曲等交变应力下，利用其较高的弹性变形能力来贮存能量，以驱动某些装置或减缓震动和冲击作用。因此，弹簧必须有较高的弹性极限和强度，以防止工作时产生塑性变形；弹簧还应有较高的疲劳强度和屈强比，以避免疲劳破坏；弹簧应该具有较高的塑性和韧性，以保证在承受冲击载荷条件下能正常工作；弹簧应具有较好的耐热性和耐腐蚀性，以便适应高温及腐蚀的工作环境；为了进一步提高弹簧的力学性能，它还应该具有较高的淬透性和较低的脱碳敏感性。

2. 化学成分

弹簧钢的碳质量分数在（0.40%~0.70%）C 之间，以保证其有较高弹性极限和疲劳强度，碳含量过低，强度不够，易产生塑性变形；碳含量过高，塑性和韧性会降低，耐冲击载荷能力下降。碳素钢制成的弹簧件力学性能较差，只能做一些工作在不太重要场合的小弹簧。

合金弹簧钢中的主加合金元素是硅和锰,主要是为了提高淬透性和屈强比,硅的作用比较明显,但是硅会使弹簧钢热处理表面脱碳倾向增大,锰则会使钢易于过热。铬、钒、钨的加入为的是在减少弹簧钢脱碳、过热倾向的同时,进一步提高其淬透性和强度,可以提高过冷奥氏体的稳定性,使大截面弹簧得以在油中淬火,降低其变形、开裂的几率。此外,钒还可以细化晶粒;钨、钼能防止第二类回火脆性;硼则有利于淬透性的进一步提高。

3. 热处理特点

根据弹簧的尺寸和加工方法不同,可分为热成形弹簧和冷成形弹簧两大类,它们的热处理工艺也不相同。

(1)热成形弹簧的热处理

直径或板厚大于 10~15 mm 的大型弹簧件,多用热轧钢丝或钢板制成。先把弹簧加热到高于正常淬火温度 50~80 ℃ 的条件下热卷成形,然后进行淬火 + 中温回火,获得具有良好弹性极限和疲劳强度的回火托氏体,硬度为(40~48)HRC。弹簧钢淬火加热应选用少、无氧化的设备如盐浴炉、保护气氛炉等,以防止氧化脱碳。弹簧热处理后一般还要进行喷丸处理,目的是强化表面,使表面产生残余压应力,提高疲劳强度,延长使用寿命。

(2)冷成形弹簧的热处理

直径小于 8 mm 的小尺寸弹簧件,常用冷拔钢丝冷卷成形。根据拉拔工艺不同,冷成形弹簧可以只进行去应力处理或进行常规的弹簧热处理。冷拉钢丝制造工艺及后续热处理方法有以下三种:

① 铅浴处理冷拉钢丝。先将钢丝连续拉拔三次,使总变形量达到 50% 左右,然后加热到 Ac_3 以上温度使其奥氏体化,随后在 450~550 ℃ 的铅浴中等温,使奥氏体全部转化为索氏体组织,再多次冷拔至所需尺寸。这类弹簧钢丝的屈服强度可达 1 600 MPa 以上,而且在冷卷成形后不必再进行淬火处理,只要在 200~300 ℃ 退火消除应力即可。

② 油淬回火钢丝。先将钢丝冷拉到规定尺寸,再进行油淬回火。这类钢丝强度虽不如铅浴处理的冷拉钢丝,但是其性能均匀一致。在冷卷成形后,只需要进行去应力回火处理,不再经过淬火回火处理了。

③ 退火状态钢丝。将钢丝冷拉到所需尺寸,再进行退火处理。软化后的钢丝冷卷成形后,需经过淬火 + 中温回火,以获得所需的力学性能。

4. 常用弹簧钢

合金弹簧钢根据合金元素不同主要有两大类:

① 硅、锰为主要合金元素的弹簧钢:65Mn、60Si2Mn 等,常用来制作大截面的弹簧。

② 铬、钒、钨、钼等为主要合金元素的弹簧钢:50CrVA、60Si2CrVA 等,碳化物形成元素铬、钒、钨、钼的加入,能细化晶粒,提高淬透性,提高塑性和韧性,降低过热敏感性,常用来制作在较高温度下使用的承受重载荷的弹簧。

(六)滚动轴承钢

用来制作各种滚动轴承零件如轴承内外套圈、滚动体(滚珠、滚柱、滚针等)的专用钢称为滚动轴承钢。

1. 工作条件和性能要求

滚动轴承在工作时，滚动体与套圈处于点或线接触方式，接触应力在 1 500～5 000 MPa 以上，而且是周期性交变承载，每分钟的循环受力次数达上万次，经常会发生疲劳破坏使局部产生小块的剥落。除滚动摩擦外，滚动体和套圈还存在滑动摩擦，所以轴承的磨损失效也是十分常见的。因此，滚动轴承必须具有较高的淬透性，高且均匀的硬度和耐磨性，良好的韧性、弹性极限和接触疲劳强度，在大气及润滑介质下有良好的耐蚀性和尺寸稳定性。

2. 化学成分

滚动轴承钢的碳的质量分数较高，一般在（0.95%～1.10%）C 之间，以保证其获得高强度、高硬度和高耐磨性。

铬是滚动轴承钢的基本合金元素，其质量分数为（0.4%～1.05%）Cr。铬的主要作用是提高淬透性和回火稳定性，铬能与碳作用形成细小弥散分布的合金渗碳体，可以使奥氏体晶粒细化，减轻钢的过热敏感性，提高耐磨性，并能使钢在淬火时得到细针状或隐晶马氏体，使钢在保持高强度的基础上增加韧性。

但铬的含量不易过高，否则淬火后残余奥氏体的量会增加，碳化物呈不均匀分布，导致钢的硬度、疲劳强度和尺寸稳定性等降低。对大型轴承（如钢珠直径超过 30～50 mm 的滚动轴承）而言，还可以加入硅、锰、钒，进一步提高淬、强度、耐磨性和回火稳定性。

滚动轴承钢的接触疲劳强度等对杂质和非金属夹杂物的含量和分布比较敏感，因此，必须将硫、磷的质量分数分别控制在 0.02%S 和 0.02%P 之内，氧化物、硫化物、硅酸盐等非金属夹杂物含量和分布控制在规定的级别之内。

3. 热处理特点

滚动轴承的预先热处理采用球化退火，目的是得到细粒状珠光体组织，降低锻造后钢的硬度，使其不高于 210HBS，以提高切削加工性能，并为零件的最终热处理作组织上的准备。

滚动轴承钢的最终热处理一般是淬火＋低温回火，淬火加热温度严格控制在 820～840 ℃，150～160 ℃ 回火组织应为回火马氏体＋细小粒状碳化物＋少量残余奥氏体，硬度为（61～65）HRC。

对于尺寸性稳定要求很高的精密轴承，可在淬火后于 -80～-60 ℃ 进行冷处理，消除应力和减少残余奥氏体的量，然后再进行回火和磨削加工，为进一步稳定尺寸，最后采用低温时效处理（120～130）℃ 保温 5～10 h。

4. 常用滚动轴承钢

① 铬轴承钢。目前我国的轴承钢多属此类钢，其中最常见的是石墨 Crl5，除用作中、小轴承外，还可制成精密量具、冷冲模具和机床丝杠等。

② 其他轴承钢——含硅、锰等合金元素的轴承钢。为了提高淬透性，在制造大型和特大型轴承时常在铬轴承钢的基础上添加硅、锰等，如石墨 Crl5SiMn。

③ 无铬轴承钢。为节约铬，我国制成只有锰、硅、钼、钒而不含铬的轴承钢，如石墨 SiMnV、石墨 SiMnMoV 等，与铬轴承钢相比，其淬透性、耐磨性、接触疲劳强度、锻造性能较好，但是脱碳敏感性较大且耐蚀性较差。

④ 渗碳轴承钢。为进一步提高耐磨性和耐冲击载荷，可采用渗碳轴承钢，如用于中小齿轮、

轴承套圈、滚动件的石墨 20CrMo、石墨 20CrNiMo。

（七）合金钢的牌号

我国合金钢牌号按碳含量、合金元素种类和含量、质量级别和用途来编排。

牌号首部用数字表示碳含量，为区别用途，低合金钢、合金结构钢用两位数表示平均含碳量的万分比；高合金钢、不锈耐酸钢、耐热钢用一位数表示平均含碳量的千分比，当平均含碳量小于千分之一时用"0"表示。含碳量小于万分之三时用"00"表示，牌号的第二部分用元素符号表明钢中的主要合金元素，含量由其后数字标明，当平均含量小于 1.5% 时不标数字；平均含量为 1.5%～2.49% 时，标数字 2；平均含量为 2.5%～3.49% 时，标数字 3，之后类推。高级优质合金钢在牌号尾部加 A，专门用途的低合金钢、合金结构钢在牌号尾部加代表用途的符号。

例如，16MnR，表明该合金钢平均含碳量 0.16%，平均含锰量小于 1.5%，是压力容器专用钢；09MnNiDR，表明该合金钢平均含碳量 0.09%，锰、镍平均含量均小于 1.5%，是低温压力容器专用钢；0Cr18Ni9Ti，表明该合金钢属高合金钢，含碳量小于 0.1%，含铬量为 17.5%～18.49%，含镍量为 8.5%～9.49%，含钛量小于 1.5%。

四、铸铁

有些部件是浇铸成形的，如气缸盖、一些部件的壳体等，这类部件一般采用铸铁制造。铸铁是含碳量在 2% 以上的铁碳合金，工业用铸铁一般含碳量为 2%～4%。碳在铸铁中多以石墨形态存在，有时也以渗碳体形态存在。除碳外，铸铁中还含有 1%～3% 的硅以及锰、磷、硫等元素。合金铸铁还含有镍、铬、钼、铝、铜、硼、钒等元素。碳、硅是影响铸铁显微组织和性能的主要元素。

（一）铸铁的特点及分类

1. 特　点

含碳量大于 2.11%wt 的铁碳合金称为铸铁，其特点是含有较高的 C 和 Si，同时也含有一定的 Mn、P、S 等杂质元素。常用铸铁的成分为：2.5%～4.0%C，1.0%～3.0%Si，0.5%～1.4%Mn，0.01%～0.50%P，0.02%～0.20%S。为提高铸铁性能，常加入合金元素 Cr、Mo、V、Cu、Al 等形成合金铸铁。

铸铁中 C、Si 含量较高，C 大部分甚至全部以游离状态石墨（G）形式存在。

铸铁的缺点是由于石墨的存在，使它的强度、塑性及韧性较差，不能锻造，优点是其接近共晶成分，具有良好的铸造性；由于游离态石墨存在，使铸铁具有高的减摩性、切削加工性和低的缺口敏感性。目前，许多重要的机械零件能够用球墨铸铁来代替合金钢。

2. 分　类

（1）根据 C 的存在形式分类

根据 C 的存在形式，可以将铸铁分为：

① 白口铸铁：C 全部以渗碳体形式存在，如共晶铸铁组织为 Ld'，断口白亮，硬而脆，很少应用。

② 灰口铸铁：C 大部分或全部以石墨形式存在，如共晶铸铁组织为 F＋G、F＋P＋G、P＋G，

断口暗灰，广泛应用。

③ 麻口铸铁：C 大部分以渗碳体形式存在，少部分以石墨形式存在，如共晶铸铁组织为 Ld′＋P＋石墨，断口灰白相间，硬而脆，很少应用。

（2）根据石墨形态分类

根据石墨形态，灰口铸铁可以分为：① 普通灰口铸铁：石墨呈片状。② 孕育铸铁：石墨呈细片状。④ 蠕墨铸铁：石墨呈蠕虫状。⑤ 球墨铸铁：石墨呈球状。

根据金属基体组织不同，灰口铸铁又可分为：F、F＋P 及 P 灰口铸铁。

（二）铸铁的石墨化

铸铁的强度、硬度、塑性及韧性极低。从热力学的角度讲，石墨为稳定态，而 Fe_3C 为亚稳态。冷却速度非常缓慢或加入石墨化元素，可促使碳按石墨转变，当冷却速度较快时，由于成分起伏及结构起伏（L、A 和 Fe_3C 的成分更接近）的原因，也可析出渗碳体。

1. 铸铁石墨化过程

铸铁中石墨的形成过程称为石墨化过程，大致分为两个阶段。

① 第一阶段：从液体 L 相中析出的一次石墨（G_I）和共晶转变形成的共晶石墨以及 Fe_3C_I 和共晶 Fe_3C 分解出的石墨。

② 第二阶段：在共晶温度至共析温度之间析出的二次石墨（G_{II}）和共析石墨以及 Fe_3C_{II} 和共析 Fe_3C 分解出的石墨。

高温时，石墨化过程进行比较完全；低温时，若冷却速度较快，石墨化过程将部分或全部被抑制。因此，灰口铸铁在室温下将可能得到 P＋G、F＋P＋G、F＋G 等组织。

2. 影响铸铁石墨化因素

主要有化学成分、冷却速度及铁水处理等因素。

（1）化学成分

合金元素可以分为促进石墨化元素和阻碍石墨化元素，顺序为：Al、C、Si、Ti、Ni、P、Co、Zr、Nb、W、Mn、S、Cr、V、Fe、MG、Ce、B 等。其中，Nb 为中性元素，向左促进程度加强，向右阻碍程度加强。

C 和 Si 是铸铁中主要的强烈促进石墨化元素，为综合考虑它们的影响，引入碳当量 $C_E＝C\%＋1/3Si\%$，一般 $C_E≈4\%$，接近共晶点。S 是强烈阻碍石墨化元素，降低铸铁的铸造和力学性能，控制其含量。

（2）冷却速度

冷速越快，不利于铸铁的石墨化，这主要取决于浇注温度、铸型材料的导热能力及铸件壁厚等因素。冷速过快，第二阶段石墨化难以充分进行。

3. 石墨与基体对铸铁性能的影响

石墨的数量、大小、形状及分布均会对铸铁的性能产生影响。

① 数量：石墨破坏基体连续性，减小承载面积，是应力集中和裂纹源，故石墨越多，抗拉强度、塑性及韧性越低。

② 大小：越粗，局部承载面积越小，越细，应力集中越大，均使性能下降，故有适合尺寸（长度 0.03～0.25 mm）。

③ 分布：越均匀，性能越好。

④ 由片状至球状，强度、塑性及韧性均提高。

（三）常用铸铁

1. 灰口铸铁

灰口铸铁中的石墨呈片状分布，分为普通灰口铸铁和孕育铸铁。

（1）灰口铸铁的牌号、成分与组织

牌号：新标准石墨 B5612-85，HT（灰铁）+ 三位数字（最低 σ_b）。其中，HT100 为 F 基，HT150 为 F＋P 基，HT200～250 为 P 基，HT250～350 为孕育铸铁。

成分：2.5%～3.6%C，1.1%～2.5%Si，0.6%～1.2%Mn 及少量 S 和 P。

组织：石墨呈片状，按基体分为 F、F＋P 及 P 灰口铸铁，分别适用于低、中、较高负荷。

（2）灰口铸铁的性能与应用

由于粗大片状的石墨存在，灰口铸铁的抗拉强度、塑性及韧性低，但其铁水流动性好、凝固收缩小、缺口敏感性小、抗压强度高、切削加工性好，并且具有减摩及消震作用。

（3）灰口铸铁的孕育处理

加入 0.3%～0.8% 硅铁，经孕育剂处理的孕育铸铁具有更高的性能，用于制造承受高载荷的结构件。

（4）灰口铸铁的热处理

只能改变基体，而不能改变石墨的形态和分布，强化效果不如钢和球墨铸铁。

a. 消除内应力退火（人工时效）

为消除内应力引起的变形或开裂，将铸件缓慢加热（60～100 ℃/h）至 500～550 ℃ 保温一段时间（每 10 mm 保温 2 h），然后随炉缓冷（20～40 ℃/h）至 150～200 ℃ 出炉空冷。

b. 高温石墨化退火

为消除表面或薄壁处的白口组织，降低硬度，改善切削加工性，将铸件加热至 850～950 ℃ 保温 1～4 h（A＋石墨），使部分渗碳体分解为石墨，然后随炉缓冷至 400～500 ℃ 以下出炉空冷。高温退火得到 F 或 F＋P 基灰口铸铁。

c. 正火

为消除白口和提高强度、硬度及耐磨性，将铸件加热至 850～950 ℃，保温 1～3 h，然后出炉空冷，最后得到 P 基灰口铸铁。

d. 表面淬火

为提高表面强度、硬度、耐磨性及疲劳强度，通过表面淬火使铸件表层得到细 M 和 G 的硬化层。一般选用孕育铸铁，基体最好为 P 组织。

2. 可锻铸铁

由一定成分的白口铸铁经石墨化退火使渗碳体分解为团絮状石墨的一种高强度灰口铸铁，分为

黑心可锻铸铁（F 基）、珠光体可锻铸铁（P 基）及白心可锻铸铁（表层氧化脱碳，少用）。可锻铸铁的强度、韧性，特别是塑性高于普通灰口铸铁，实际不能锻造。

（1）可锻铸铁的牌号、成分与组织

牌号：按石墨 B978-67，KT（可铁）+ H、Z、B（黑心、珠光体、白心）+ 三位数字（最低 σ_b）+ 二位数字（最低 δ）。

成分：可锻铸铁由两个矛盾的工艺组成，即先得到白口铁，再经石墨化退火得到可锻铸铁。因此，要适当降低石墨化元素 C、Si 和增加阻碍石墨化元素 Mn、Cr，化学成分为：2.4%～2.8%C，0.8%～1.4%Si，0.3%～0.6%Mn（珠光体可锻铸铁 1.0%～1.2%）。

组织：基体为 F 和 P，石墨为团絮状。

（2）可锻铸铁的石墨化退火

① 黑心可锻铸铁：将白口铁加热至 950～1 000 ℃，保温约 15 h，共晶 $Fe_3C \rightarrow A +$ 团絮状石墨。从高温冷却至 720～750 ℃，$A \rightarrow$ 石墨 $_{II}$，在这个温度区间以 3～5 ℃/h 速度通过共析温区，$A \rightarrow F +$ 团絮状石墨；也可在略低于共析温度保温 15～20 h，共析 $Fe_3C \rightarrow F +$ 团絮状石墨，最后得到 F 可锻铸铁。

② P 可锻铸铁：加热后冷却至 800～860 ℃，$A \rightarrow$ 石墨 $_{II}$，然后出炉空冷使共析 Fe_3C 不分解，最后得到 P 可锻铸铁。

③ 可锻铸铁的性能与应用：F 可锻铸铁塑性及韧性较好，P 可锻铸铁强度、硬度及耐磨性较高。

3.　球墨铸铁

球墨铸造铁始于 1948 年，我国于 1950 年开始研制镁石墨铸铁。由于石墨呈球状分布，球墨铸铁的性能远优于其他铸铁，应用甚广。

（1）球墨铸铁的牌号、成分与组织

牌号：按石墨 B1348-78，QT（球铁）+ 三位数字（最低 σ_b）+ 两位数字（最低 δ）。

成分：强烈石墨化元素 C、Si 含量较高，$C_E \approx 4.5\%～4.7\%$，属于过共晶。含碳量过低，球化不良；含碳量过高，石墨漂浮。一般采取"高碳低硅原则"。阻碍石墨化元素 Mn，有利与形成 P 基，含量较低。S、P 限制很严。由球化剂残留的微量 MG 及 RE。化学成分一般为：3.6%～3.9%C，2.0%～3.0%Si，0.6%～0.7%Mn。

组织：石墨呈球状分布于金属基体中，每个球是由若干个锥形石墨单晶体组成，这些单晶体是由共同的结晶核心沿径向生长而成。基体有 F、F + P、P 或通过热处理得到 S、T、M 等。

（2）球墨铸铁的球化处理与孕育处理

将球化剂加入铁水中（一般放入浇包底部）的操作过程称为球化处理。常用的球化剂有镁、稀土及稀土镁合金。镁和稀土为强烈阻碍石墨化元素，为防止白口，同时进行孕育处理，孕育剂一般选用硅铁。

（3）球墨铸铁的性能与应用

球铁具有优良的机械性能，石墨的圆整度越好、球径越小、分布越均匀，则性能越高。在"以铸代锻，以铁代钢"方面有广泛应用。

（4）球墨铸铁的热处理

球铁的机械性能除与石墨有关外，主要取决于基体。通过热处理可以改变基体组织，提高性能。由于球铁中含有较多的 C、Si、Mn 等元素，决定了其热处理具有如下特点：① 石墨参与了相变过程；② 共晶（析）温度高于碳钢，奥氏体化温度和时间均高于碳钢；③ 可以大幅度调整 F 和 A 的相对量，得到不同比例的 F 和 P 基体组织。

a. 退火

目的是消除自由渗碳体（高温退火）或共析渗碳体（低温退火），得到 F 球铁，降低硬度，提高切削加工性。

① 消除内应力退火：同前所述。

② 高温石墨化退火：将铸件加热至 900～950 ℃保温 1～4 h（第一阶段石墨化），然后炉冷至 600～650 ℃出炉空冷。

③ 低温石墨化退火：将铸件加热至 720～760 ℃保温 3～6 h，然后炉冷至 600 ℃出炉空冷。

b. 正火

目的是细化组织，提高强度、硬度及耐磨性。

① 高温正火（完全 A 化正火）：将铸件加热至 $Ac_1^f + 50～70$ ℃（880～900 ℃）保温 1～3 h，使基体全部 A 化，然后出炉空冷，获得 P 球铁。冷却时产生内应力，采用 550～600 ℃保温 2～4 h 空冷的回火消除。

② 低温正火（不完全 A 化正火）：将铸件加热至共析温度区间 $Ac_1^s～Ac_1^f$（820～860 ℃）保温 1～3 h，使基体部分 A 化，然后出炉空冷，获得 P+F 球铁。若内应力较大，采用同样的回火消除。

c. 调质

目的是提高综合机械性能。

将铸件加热至 $Ac_1^f + 30～50$ ℃（860～900 ℃）保温 2～4 h，然后油淬，再经 550～600 ℃回火 4～6 h，获得回火 S 基体＋球状石墨组织。

d. 等温淬火

目的是提高综合力学性能。

将铸件加热至 $Ac_1^f + 30～50$ ℃（860～900 ℃）保温一段时间，然后淬入 M_s 以上某一温度的盐浴中等温一段时间（一般 250～350 ℃，30～90 min），使过冷奥氏体转变为下贝氏体组织。

4. 特殊性能铸铁

在普通铸铁的基础上加入某些合金元素，可形成具有特殊性能的合金铸铁。

（1）耐磨铸铁

① 无润滑条件下使用的耐磨铸铁（抗磨铸铁）：白口铸铁，强度和韧性差，不能直接使用；合金白口铸铁，包括 P 合金白口铸铁和 M 合金白口铸铁；激冷铸铁，形成表面为白口，心部为灰口的组织；稀土镁中锰球墨铸铁，提高了强度和韧性，组织为 M 或下 B+A′+K+球状石墨。

② 有润滑条件下使用的耐磨铸铁（减摩铸铁）：获得 P 基体组织，而石墨为良好的润滑剂，主要有高磷铸铁：在普通灰铸铁中加入 0.4%～0.7%P，形成高硬度呈断续网状分布的磷共晶。

（2）耐热铸铁

铸铁的耐热性：是指在高温下铸铁抵抗"氧化"和"生长"的能力。生长是指铸铁在反复加热和冷却时产生的不可逆体积长大现象，原因有：氧化性气体沿石墨片界面或裂纹渗入发生内氧化；渗碳体在高温下分解为石墨；基体组织发生相变。

提高耐热性的主要途径有：

① 加入 Cr、Al、Si 形成氧化膜，获得单相 F 基体；

④ 加入球化剂使石墨球化。

耐热合金铸铁的主要类型有硅系耐热铸铁，如 RT（热铁）Si5.5（5%~6%Si）和 RQTSi5.5；铝系耐热铸铁；铝硅系耐热铸铁；铬系耐热铸铁。

（3）耐蚀铸铁

提高铸铁耐蚀性的主要途径有：

① 加入 Cr、Al、Si 形成保护膜；

② 加入 Cr、Si、Mo、Cu、Ni 提高 F 基体的电极电位；

③ 加入 Cr、Si、Ni 获得单相 F 或 A 基体；

④ 减少石墨数量，形成球状石墨。

耐蚀铸铁主要有高硅耐蚀铸铁、高铝耐蚀铸铁和高铬耐蚀铸铁，如 ST（蚀铁）Si15 及 SQTSi15。

五、有色金属及其合金

铁及其合金称为黑色金属，除此以外的称为有色金属，包括轻金属、重金属、贵金属、稀有金属及放射性金属。

（一）铝及铝合金

1. 工业纯铝

工业纯铝一般定为纯度为 99.0%~99.9% 的铝，我国定为纯度为 98.8%~99.7% 的铝。纯铝的密度为 2.72 g/cm^3，熔点为 660.37 ℃。

（1）性能特点

密度小，熔点低，强度、硬度低，塑性、韧性高；具有优良的导电及导热性；具有优良的耐蚀性。

（2）纯铝的牌号及用途

压力加工产品用 L 表示，后面的顺序号表示杂质含量的多少。工业纯铝一般为 L1~L7（99.7%~98%）。编号越大，纯度越低。

工业纯铝用途非常广泛，可用作电工铝，如母线、电线、电缆、电子零件；可作换热器、冷却器、化工设备；烟、茶、糖等食品和药物的包装用品，啤酒桶等深冲制品；在建筑上作屋面板、天棚、间壁墙、吸音和绝热材料，以及家庭用具、炊具等。

2. 铝合金

以铝为基体元素和加入一种或多种合金元素组成的合金。主要合金元素有铜、硅、镁、锌、锰，次要合金元素有镍、铁、钛、铬、锂等。铝合金是工业中应用最广泛的一类有色金属结构材料，在航空、航天、汽车、机械制造、船舶及化学工业中已大量应用。随着科学技术以及工业经济的飞速发展，对铝合金焊接结构件的需求日益增多。

纯铝的强度很低，不宜作结构材料。通过长期的生产实践和科学实验，人们逐渐以加入合金元素及运用热处理等方法来强化铝，这就得到了一系列的铝合金。添加一定元素形成的合金在保持纯铝质轻等优点的同时还能具有较高的强度，σ_b 值分别可达 24～60 kgf/mm^2。这样使得其"比强度"（强度与比重的比值 σ_b/ρ）胜过很多合金钢，成为理想的结构材料，广泛用于机械制造、运输机械、动力机械及航空工业等方面，飞机的机身、蒙皮、压气机等常以铝合金制造，以减轻自重，高速动车组的车体就是采用铝合金制成。采用铝合金代替钢板材料的焊接，结构重量可减轻 50% 以上。

铝合金主要分为形变铝合金和铸造铝合金。

变形铝合金能承受压力加工。可加工成各种形态、规格的铝合金材。主要用于制造航空器材、建筑用门窗等。形变铝合金又分为不可热处理强化型铝合金和可热处理强化型铝合金。不可热处理强化型不能通过热处理来提高机械性能，只能通过冷加工变形来实现强化，它主要包括高纯铝、工业高纯铝、工业纯铝以及防锈铝等。可热处理强化型铝合金可以通过淬火和时效等热处理手段来提高机械性能，它可分为硬铝、锻铝、超硬铝和特殊铝合金等。

铸造铝合金按化学成分可分为铝硅合金，铝铜合金，铝镁合金，铝锌合金和铝稀土合金，其中铝硅合金又有过共晶硅铝合金，共晶硅铝合金，单共晶硅铝合金，铸造铝合金在铸态下使用。

一些铝合金可以采用热处理获得良好的机械性能、物理性能和抗腐蚀性能。

（二）铜及铜合金

1. 纯铜（紫铜）

含铜量最高的铜，因为颜色紫红又称紫铜，主成分为铜加银，含量为 99.7%～99.95%；主要杂质元素：磷、铋、锑、砷、铁、镍、铅、锡、硫、锌、氧等。用于制作导电器材、高级铜合金、铜基合金。

（1）结构与性能

纯铜密度为 8.94 g/cm^3，熔点为 1 083 ℃。无磁性，无同素异构转变，具有优良的导电、导热及耐蚀性（不耐硝酸和硫酸），具有较高的塑性及可焊性。

（2）纯铜的牌号及用途

按氧含量和生产方法不同可分为：

① 韧铜（工业纯铜）：含 0.02%～0.10% 的氧，用 T（铜）表示，牌号为 T1～T4，顺序号越大，纯度越低。

② 无氧铜：含氧量 < 0.003%，用 TU（无氧铜）表示，牌号为 TU1、TU2。

③ 脱氧铜：含氧量 < 0.01%，用 TU + 脱氧剂化学符号表示，如 TUP、TUMn（磷脱氧铜和锰脱氧铜）。

2. 铜合金

以纯铜为基体加入一种或几种其他元素所构成的合金。根据加入合金元素的不同，分为黄铜、青铜和白铜。

项目2 车门启闭机构的搭建与分析

☆ 项目说明

  车门是车的重要组成部分，同时也是车的各部件中与人联系紧密的重要部分。要实现车门的作用和功能，需正确选择合适的车门启闭结构，因而了解车门的启闭结构至关重要。

  本项目依托机构组合创新试验台（如图2-1所示），让学生在搭建常用的两种车门启闭机构过程中逐步掌握机构的基本知识并熟练应用。

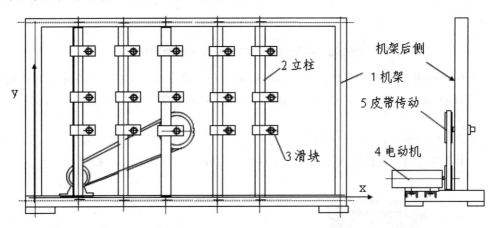

图2-1 机构组合创新试验台机架

☆ 项目学习目标

完成本项目的学习后，学生应具备以下能力：
1. 会判断铰链四杆机构的类型和运动形式。
2. 会计算和测量铰链四杆机构和曲柄滑块机构的极位夹角和压力角。
3. 会使用张紧装置调整皮带的张紧力。
4. 能识别常见机构的运动简图，会绘制机械手的机构运动简图。
5. 会计算机械手的自由度。
6. 会利用图解法进行简单铰链四杆机构的设计。

任务1　双曲柄车门启闭机构的搭建

【任务目标】
① 掌握平面四杆机构的类型。

② 会判定铰链四杆机构的基本类型。

③ 掌握反向双曲柄机构的运动原理。

④ 会对机构组合创新试验台进行操作。

【任务描述】

双曲柄车门启闭机构利用了反平行四边形双曲柄中两曲柄反向运动的特点。其运动简图如图 2-2 所示，杆 AB 与左边门固结，CD 与右边门固结，主动曲柄 AB 转动时，通过连杆 BC 带动从动曲柄 CD 朝着相反方向转动，门随即打开，并且此机构可以保证两扇门同时开启和关闭。

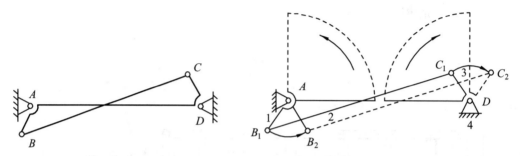

图 2-2 双曲柄车门启闭机构的运动简图

使用双曲柄的车门启闭系统，若使车门同时打开，则要求 AB 杆与 CD 杆有同样的角速度，AB 与 CD 的长度相等，并要保证 $\angle ABC$ 与 $\angle DCB$ 的和为 $180°$。其运动模型图如图 2-3 所示。

这种双曲柄的车门启闭系统属于顺开式车门，现在较少应用于公交车车门，常用于汽车车门，在汽车行驶时仍可以借助气流关上，并且便于驾驶员在倒车时向后观察。

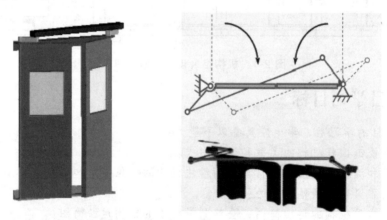

图 2-3 双曲柄车门启闭机构的运动模型图

本任务主要是利用组合创新试验台搭建反向双曲柄机构，主要工作包括：

① 搭建反向双曲柄机构，包括固定铰链的搭建、活动铰链的搭建、反向平行四边形双曲柄机构的搭建。

② 搭建带传动机构，包括带轮的连接、皮带的安装、皮带张紧轮的张紧。

搭建完成后的实物如图 2-4 所示。

（a）动力部分

（b）机构部分

图 2-4 组建完成后的反向双曲柄机构

【相关知识】

平面连杆机构是由若干个刚性构件用低副连接所组成，其各运动构件均在相互平行的平面内运动。

在平面连杆机构中，结构最简单的且应用最广泛的是由 4 个构件所组成的平面四杆机构，其他多杆机构可看成在此基础上依次增加杆组而组成。

1.1 平面四杆机构的基本型式

所有运动副均为转动副的四杆机构称为铰链四杆机构。它是平面四杆机构的基本型式。在铰链四杆机构中，按连架杆能否做整周转动，可将四杆机构分为以下 3 种基本型式。

1.1.1 曲柄摇杆机构

在铰链四杆机构中，若两连架杆中有一个为曲柄，另一个为摇杆，则称为曲柄摇杆机构。

如图 2-5 所示的液体搅拌器。当主动曲柄 AB 回转时，摇杆 CD 做往复摆动，利用连杆上 E 点的轨迹实现对液料的搅拌。

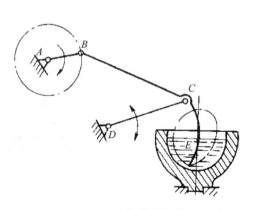

图 2-5 液体搅拌机构

1.1.2　双曲柄机构

在铰链四杆机构中，若两连架杆均为曲柄，称为双曲柄机构。其传动特点是：当主动曲柄连续等速转动时，从动曲柄一般不等速转动。

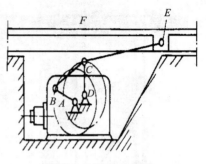

如图 2-6 所示的惯性筛即为双曲柄机构。在惯性筛机构中，主动曲柄 *AB* 等速回转一周时，曲柄 *CD* 变速回转一周，使筛子 *EF* 获得加速度，从而将被筛选的材料分离。

双曲柄机构中有两种特殊机构：平行四边形机构（见图 2-7）和反平行四边形机构（见图 2-8）。

图 2-6　惯性筛机构

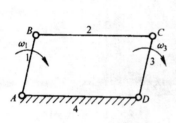

图 2-7　平行四边形机构

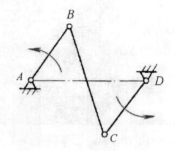

图 2-8　反平行四边形机构

（1）平行四边形机构

在双曲柄机构中，若两对边构件长度相等且平行，则称为平行四边形机构。其传动特点是：主动曲柄和从动曲柄均以相同角速度转动。

（2）反平行四边形机构

定义：两曲柄长度相同，而连杆与机架不平行的铰链四杆机构，称为反平行四边形机构。

1.1.3　双摇杆机构

在铰链四杆机构中，若两连架杆均为摇杆，则称为双摇杆机构。

如图 2-9 所示的鹤式起重机，*CD* 杆摆动时，连杆 *CB* 上悬挂重物的点 *M* 在近似水平直线上移动。

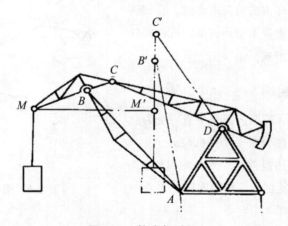

图 2-9　鹤式起重机

1.2 铰链四杆机构中曲柄存在的条件

由上述可知，铰链四杆机构运动形式的不同，主要在于机构中是否存在曲柄。而曲柄是否存在则取决于各构件相对长度关系和选取哪个构件作机架。下面首先来分析各杆的相对尺寸与曲柄存在的关系。

设图 2-10（a）所示的铰链四杆机构 1 为曲柄，2 为连杆，3 为摇杆，4 为机架，各杆的长度分别为 a、b、c、d，且 $a < d$。则在其回转过程中杆 1 和杆 4 一定可实现拉直共线和重叠共线两个特殊位置，即构成 $\triangle BCD$，如图 2-10（b）、（c）所示。由三角形的边长关系可得：

在图 2-10（b）中 $\qquad a + d < b + c$

在图 2-10（c）中 $\qquad d - a + b > c$

即 $\qquad a + c < b + d$

$$d - a + c > b$$

$$a + b < c + d$$

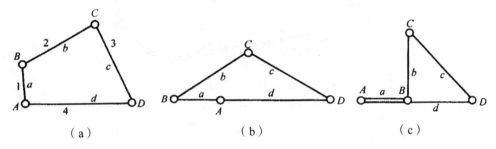

图 2-10 铰链四杆机构的演化

当运动过程中四构件出现四线共线情况时，上述不等式就变成了等式，因此以上三个不等式改写为：

$$a + d \leqslant b + c$$

$$a + c \leqslant b + d$$

$$a + b \leqslant c + d$$

将以上三式的任意两式相加，可得：

$$a \leqslant b \qquad a \leqslant c \qquad a \leqslant d \tag{2-1}$$

同理，当设 $a > d$ 时，可得：

$$d \leqslant a \qquad d \leqslant b \qquad d \leqslant c$$

由式（2-1）可知，曲柄 AB 必为最短杆，BC、CD、AD 杆中必有一个最长杆。因此可推出铰链四杆机构中，曲柄存在的条件为：

① 连架杆和机架中必有一杆是最短杆，称为最短杆条件。

② 最长杆与最短杆的长度之和小于或等于其余两杆长度之和，称为杆长之和条件。

从上述曲柄存在的两个条件可以得到如下推论：铰链四杆机构到底属于哪一种基本型式，除满足杆长之和条件外，还与选取哪一杆为机架有关：

① 最短杆为机架时得到双曲柄机构。

② 最短杆的相邻杆为机架时得到曲柄摇杆机构。

③ 最短杆的对面杆为机架时得到双摇杆机构。

如果各杆的相对长度关系不满足杆长之和条件时，曲柄不存在，故不管以哪一杆为机架，只能得到双摇杆机构。

1.3　带传动

带传动是一种常用的机械传动装置，通常是由主动轮 1、从动轮 2 和张紧在两轮上的挠性环形带 3 所组成（见图 2-11）。安装时带被张紧在带轮上，当主动轮 1 转动时，依靠带与带轮接触面间的摩擦力或啮合驱动从动轮 2 一起回转，从而传递一定的运动和动力。

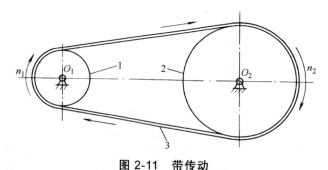

图 2-11　带传动
1—主动轮；2—从动轮；3—带

1.3.1　带传动的主要类型

根据传动原理的不同，带传动可分为两大类：摩擦带传动和啮合带传动。

（1）摩擦带传动

摩擦带传动是利用具有弹性的挠性带与带轮间的摩擦来传递运动和动力。根据带的形状，又可分为下列几种带传动：

① 平带传动，见图 2-12（a）。平带的横截面为扁平矩形，其工作面为与带轮面接触的内表面。常用的平带有橡胶帆布带、锦纶带、复合平带、编织带等。

② V 带传动，见图 2-12（b）。V 带的横截面为梯形，其工作面为与带轮接触的两侧面。V 带与平带相比，由于正压力作用在楔形面上，当量摩擦系数大，能传递较大的功率，结构也紧凑，故应用最广。

③ 多楔带传动，见图 2-12（c）。多楔带是若干根 V 带的组合，可避免多根 V 带长度不等、传力不均的缺点。适合用于传递动力较大而又要求结构紧凑的场合。

④ 圆带传动，见图 2-12（d）。圆带横截面是圆形，通常用皮革或棉绳制成。圆带牵引能力小，适用于传递较小功率的场合，如缝纫机、录音机等。

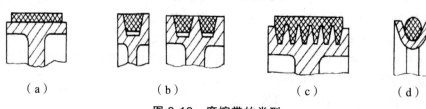

（a）　　　　　　　　（b）　　　　　　　　（c）　　　　　　　（d）

图 2-12　摩擦带的类型

（2）啮合带传动

啮合带传动是利用啮合传递运动和动力。其又可分为以下两种形式：

① 同步带传动，见图 2-13（a）。同步带工作时，利用带工作面上的齿与带轮上的齿槽相互啮合，以传递运动和动力。

② 齿孔带传动，见图 2-13（b）。工作时，带上的孔与轮上的齿相互啮合，以传递运动和动力。

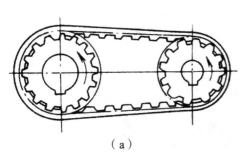
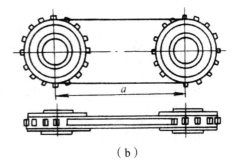

（a）　　　　　　　　　　　　　　　（b）

图 2-13　啮合带传动

1.3.2　带传动的特点和应用

（1）摩擦带传动的特点及应用

摩擦带传动具有以下特点：

① 带有弹性，能缓和冲击、吸收振动，故传动平稳、无噪声。

② 过载时，带在轮上打滑，具有过载保护作用。

③ 结构简单，制造成本低，安装维护方便。

④ 带与带轮间存在弹性滑动，不能保证准确的传动比。

⑤ 两轴的中心距大，整机尺寸大。

⑥ 带需张紧在带轮上，故作用在轴上的压力大。

⑦ 传动效率低，带的寿命较短。

摩擦带传动适用于要求传动平稳、传动比要求不是很严格、中小功率及传动中心距较大的场合，不适宜在高温、易燃、易爆及有腐蚀介质的场合下工作。

（2）啮合带传动的特点及应用

啮合带传动中的同步带传动能保证准确的传动比，其适应的速度范围广（$v \leqslant 500 \ \text{m/s}$），传动比大（$i \leqslant 12$），传动效率高（$\eta = 0.98 \sim 0.99$），传动结构紧凑，故广泛用于电子计算机、数控机床及纺织机械中。啮合带传动中的齿孔带传动常用于放映机、打印机中，以保证同步运动。

1.3.3　带传动的张紧、安装和维护

V 带在张紧状态下工作了一定时间后会产生塑性变形，因而导致 V 带传动能力下降，为了保证带传动的传动能力，必须定期检查与重新张紧。常用的张紧方法有以下两种：调整中心距和加张紧轮。

（1）调整中心距

调整中心距法是带传动常用的张紧方法。例如，用调节螺杆使电动机随摆动杆绕轴摆动，见图 2-14（a），适用于垂直或接近垂直的布置；或用调节螺杆使装有带轮的电动机沿滑轨移动，见图 2-14（b），适用于水平或倾斜不大的布置；或如图 2-14（c）所示，将装有带轮的电动机安装在浮动的摆架上，利用电动机自重，使带始终在一定的张紧力下工作。

（2）加张紧轮

当中心距不可调节时，采用张紧轮张紧，如图 2-14（d）所示。张紧轮一般应设置在松边内侧，并尽量靠近大带轮。张紧轮的轮槽尺寸与带轮相同，直径应小于带轮的直径，若设置在外侧时，则应使其靠近小轮，这样可以增加小带轮的包角。

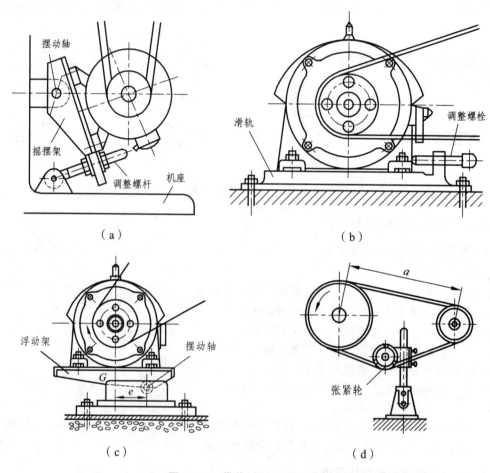

图 2-14　带传动的张紧装置

1.3.4　带传动的安装和维护

（1）带轮的安装

平行轴传动时，各带轮的轴线必须保持规定的平行度，各轮宽的中心线，V 带轮、多楔带轮对应轮槽的中心线，平带轮面凸弧的中心线均应共面且与轴线垂直，否则会加速带的磨损，降低带的寿命，如图 2-15 所示。

① 通常应通过调整各轮中心距的方式来安装带和张紧，切忌硬将传动带从带轮上拔下扳上，严禁用撬棍等工具将带强行撬入或撬出带轮。

② 同组使用的 V 带应型号相同，新旧 V 带不能同时使用。

③ 安装时，应按规定的初拉力张紧，对于中等中心距的带传动，也可凭经验张紧，带的张紧程度以大拇指能将带按下 15 mm 为宜。新带使用前，最好预先拉紧一段时间后再使用。

（2）带传动的维护

① 带传动装置外面应加保护罩，以确保安全，防止带与酸、碱或油接触而腐蚀传动带。

② 带传动不需润滑，禁止往带上加润滑油或润滑脂，应及时清理带轮槽内及传动带上的油污。

③ 应定期检查传动带，如有一根松弛或损坏，则应全部更换新带。

④ 带传动的工作温度不应超过 60 ℃。

⑤ 如果带传动装置闲置时，应将传动带放松。

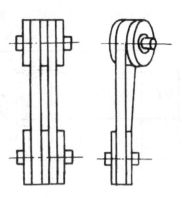

图 2-15　带轮的安装

【任务实施】

1. 工具及材料准备

组装双曲柄车门启闭机构所需的机构组合创新试验台如图 2-16 所示。

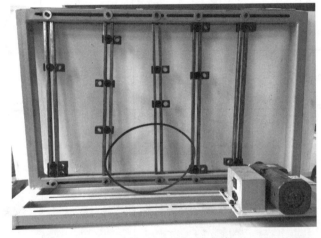

（a）组合试验台机架

（b）组合试验台零件箱

图 2-16　机构组合创新试验台套件

进行双曲柄机构组建前，要对所需组件进行选择。需要的组件及工具如表 2-1 所示。

表 2-1　组建双曲柄机构所需的组件及工具

序　号	名　称	图　示	规　格	数　量	备　注
1	主动轴		$L = 20$ $L = 5$	各 1	连接电机
2	从动轴		$L = 20$	1	
3	盘杆转动轴		$L = 20$	2	
4	带垫片螺栓		M6	6	
5	压紧螺栓		M6	1	
6	皮带轮		小孔径	3	1 个主动轮 1 个从动轮 1 个张紧轮
7	层面限位套		$L = 5$	8	
8	平垫圈		16	5	
9	螺母		M14	3	
10	V 形皮带		950 mm	1	
11	连杆		$L = 100$ $L = 300$	各 2	
12	活动铰链座		螺孔 M8	3	
12	呆扳手		22-24	1	
13	内六角扳手		$\phi 5$ $\phi 6$	各 1	

2. 搭建带传动装置并张紧

首先需要对双曲柄机构的动力输入部分进行搭建。该动力由慢速电动机输出，通过带传动，输出给双曲柄机构的曲柄，实现双曲柄的运动。

进行带传动搭建的步骤如下：

① 根据皮带的尺寸，调整电动机的位置，使从动轮的位置处于试验台的中间位置，位置调好后，固定电机螺栓。

② 组建活动铰链座，安装顺序如图 2-17 所示。

③ 安装主动轮和从动轮，并将皮带安装到皮带轮上，移动活动铰链座，绷紧皮带，并固定好活动铰链座。

④ 用张紧轮对皮带进行张紧。将张紧轮安装到铰链座上，并通过皮带，稍用力固定。用安装锤轻敲铰链座，慢慢上移，使皮带在张紧轮的作用下产生预拉力，防止皮带打滑。

带传动组装完成后如图 2-18 所示。

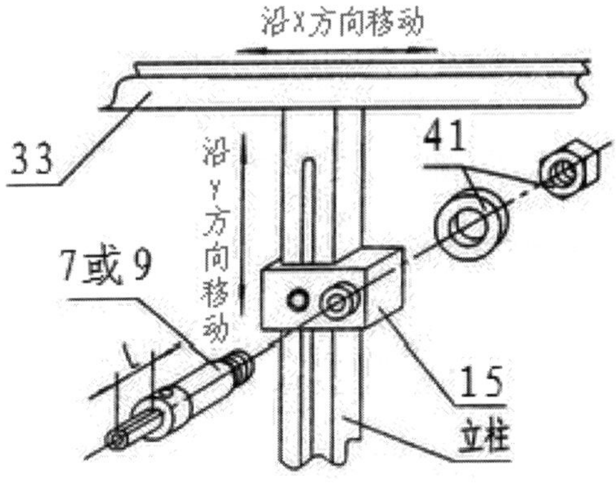

图 2-17　活动铰链座的安装顺序图

图 2-18　传动带的安装与张紧

3. 搭建双曲柄机构

双曲柄机构又称为反向平行四边形机构，为了实现车门的同时启闭，要求两个曲柄的长度相同，而根据杆长之和条件可知，连杆和固定杆也必定相等。

搭建双曲柄机构的步骤如下：

① 组建活动铰链座，并进行长杆的固定，组装步骤如图 2-19 所示。固定长杆的目的是能够准确地构建平行四边形，不需要进行调整。

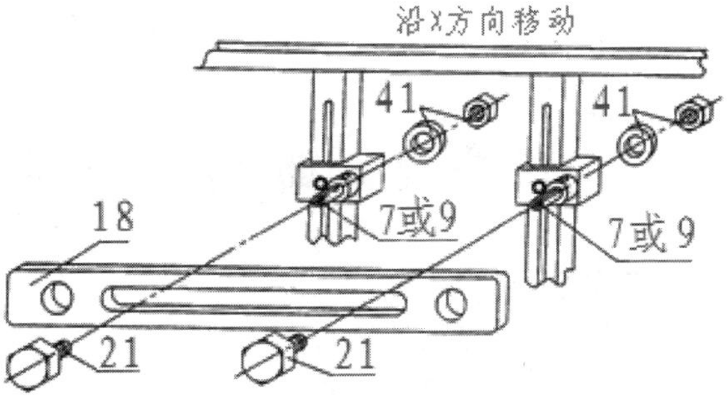

图 2-19　固定杆的连接方法

② 将其中一根曲柄与带传动的从动轮固定在同一活动铰链座上，并用压紧螺栓压紧，保证主动曲柄与从动轮具有相同的角速度。

③ 将另外一根曲柄固定到活动铰链座上，并用带垫片的螺栓固定，让曲柄可以自由转动。将连杆连接两根曲柄，注意连杆与固定杆应该交叉，构成反向平行四边形机构。

曲柄和连杆的连接方法参照固定杆的连接，构建完成的机构如图 2-20 所示。

图 2-20　反向双曲柄机构

【综合练习】
① 利用机构组合创新实验平台搭建双曲柄机构，并观察运动规律。
② 利用机构组合创新实验平台搭建如图 2-21 所示的插齿机主传动机构。

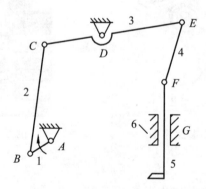

图 2-21　插齿机主传动机构

任务 2　曲柄滑块车门启闭机构的搭建

【任务目标】
① 会判定常见的铰链四杆机构的变形形式。
② 掌握曲柄滑块机构的运动原理。
③ 能进行车门行程的图解计算。

④ 会进行曲柄滑块机构的连接。

【任务描述】

曲柄滑块车门启闭机构如图 2-22 所示,其中,图(a)为门的结构示意图,有左右两扇;图(b)为一边门的结构简图。杆件 1 为主动杆件,连接气缸。1 向左运动的过程中,使曲柄 2 转动一定的角度拉动连杆 3 的移动,而连杆 3 是门的一部分的简化,连杆 3 转动即门转动,滑块 4 只能在门上方的滑槽内滑动,整个系统组成一个稳定的曲柄滑块机构,从而实现门的稳定安全的启动。

这种结构属于内摆式车门,占地空间小,使乘客在上下车时不会出现逆向乘客,不会产生拥挤碰撞的现象。因此,公交车门一般设计为曲柄滑块机构,以满足人流量大的需求。

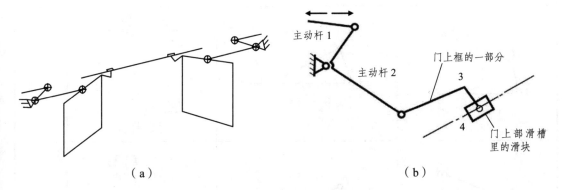

（a）　　　　　　　　　　　　　　（b）

图 2-22　曲柄滑块车门启闭机构示意图

本任务就是根据车门的原理进行曲柄滑块机构的搭建,使学生掌握曲柄滑块的运动原理,并进行合理的车门曲柄摇杆机构的设计。主要内容包括:

① 搭建曲柄摇杆机构。主要包括带传动动力输出部分的搭建和曲柄滑块机构的搭建。

② 曲柄滑块车门运行轨迹的设计。在已知车门大小的情况下,通过作图法确定曲柄的长度、曲柄固定铰链的位置,如图 2-23 所示。

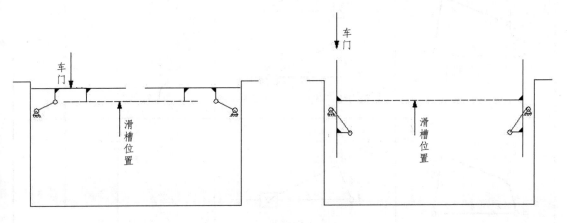

图 2-23　车门运行轨迹设计

【相关知识】

2.1 平面四杆机构的演化

由于各种工程实际的需要，所采用的四杆机构的型式是多种多样的。这些四杆机构可看作是由铰链四杆机构通过不同方法演化而来的，并与之有着相同的相对运动特性。掌握这些演化方法，有利于对连杆机构进行创新设计。

当取不同的构件作为机架时，会得到不同的四杆机构。表 2-2 罗列了部分机构演化简图。

表 2-2　四杆机构的几种型式

铰链四杆机构	含一个移动副的四杆机构	含两个移动副的四杆机构	机架
曲柄摇杆机构	曲柄滑块机构	正切机构	4
双曲柄机构	转动导杆机构	双转块机构	1
曲柄摇杆机构	摆动导杆机构和曲柄摇块机构	正弦机构	2
双摇杆机构	移动导杆机构	双滑块机构	3

铰链四杆机构可以通过四种方式演化出其他形式的四杆机构，即：① 取不同构件为机架；② 转动副变移动副；③ 杆状构件与块状构件互换；④ 销钉扩大。

在曲柄摇杆机构或曲柄滑块机构中，当载荷很大而摇杆（或滑块）的摆角（或行程）不大时，可将曲柄与连杆构成的转动副中的销钉加以扩大，演化成偏心盘结构，这种结构在工程上应用很广。

2.2　平面四杆机构的基本特性

2.2.1　急回特性

在图 2-24 所示的曲柄摇杆机构中，设曲柄为原动件，以等角速度顺时针转动，曲柄回转一周，摇杆 CD 往复摆动一次。曲柄 AB 在回转一周的过程中，有两次与连杆 BC 共线，使从动件 CD 相应地处于两个极限位置 C_1D 和 C_2D，此时原动件曲柄 AB 相应的两个位置之间所夹的锐角 θ 称为极位夹角。当曲柄 AB 由 AB_1 位置转过 φ_1 角至 AB_2 位置时，摇杆 CD 自 C_1D 摆至 C_2D，设其所需时间为 t_1，则点 C 的平均速度即为 $v_1 = (C_1C_2)/t_1$，当曲柄由 AB_2 位置继续转过 φ_2 角至 AB_1 位置时，摇杆自 C_2D 摆回至 C_1D，设其所需时间为 t_2，则点 C 的平均速度即为 $v_2 = (C_1C_2)/t_2$，由于 $\varphi_1(= 1800 + \theta) > \varphi_2(= 1800 - \theta)$，可知 $t_1 > t_2$，则 $v_1 < v_2$。由此可见：当曲柄等速回转时，摇杆来回摆动的平均速度不同，由 C_1D 摆至 C_2D 时平均速度 v_1 较小，一般作工作行程；由 C_2D 摆至 C_1D 时平均速度 v_2 较大，作返回行程。这种特性称为机构的急回特性，或者说摇杆具有急回作用。为了表示机构急回作用的相对程度，设：

$$k = \frac{v_2}{v_1} = \frac{\text{从动件空回行程平均速度}}{\text{从动件工作行程平均速度}}$$

式中，k 称为行程速比系数。

根据以上所述可得：

$$k = \frac{v_2}{v_1} = \frac{t_1}{t_2} = \frac{\varphi_1}{\varphi_2} = \frac{180° + \theta}{180° - \theta} \qquad (2-2)$$

由上面分析可知，连杆机构有无急回作用取决于极位夹角。无论是曲柄摇杆机构还是其他类型的连杆机构，只要机构在运动过程中具有极位夹角 θ，则该机构就具有急回作用。极位夹角愈大，行程速比系数 k 也愈大，机构急回作用愈明显；反之亦然。若极位夹角 $\theta = 0$，则 $k = 1$，机构无急回作用。

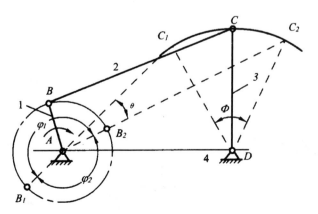

图 2-24　曲柄摇杆机构的急回特性

在设计机器时，利用这个特性，可以使机器在工作行程时速度小一些，以减小功率消耗；而空回行程时速度大一些，以缩短工作时间，提高机器的生产率。通常根据工作要求预先选定行程速比系数 k，再由下式确定机构的极位夹角 θ：

$$\theta = \frac{k-1}{k+1} \times 180° \tag{2-3}$$

2.2.2　压力角和传动角

在图 2-25 所示的曲柄摇杆机构中，如不考虑构件的重量和摩擦力，则连杆是二力杆，主动曲柄通过连杆传给从动杆的力 F 沿 BC 方向，F 可分解成两个分力 F_1 和 F_2，则：

$$\left.\begin{array}{l} F_1 = F\cos\alpha = F\sin\gamma \\ F_2 = F\sin\alpha = F\cos\gamma \end{array}\right\} \tag{2-4}$$

式中：α 为力 F 的作用线与其作用点（C 点）速度（v_C）方向所夹的锐角，称为压力角，它的余角 γ 称为传动角。显然，α 角越小，或者 γ 角越大，使从动杆运动的有效分力就越大，对机构传动越有利。α 和 γ 是反映机构传动性能的重要指标。由于 γ 角便于观察和测量，工程上常以 γ 角来衡量连杆机构的传动性能。机构运转时其传动角是变化的，为了保证机构传动性能良好，设计时一般应使 $\gamma_{\min} \geqslant 40°$。对于高速大功率机械应使 $\gamma_{\min} \geqslant 50°$。为此，必须确定 $\gamma = \gamma_{\min}$ 时机构的位置，并检验 $\gamma_{\min}$ 的值是否不小于上述的许用值。

铰链四杆机构运转时，其最小传动角出现的位置可由下述方法求得。如图 2-25 所示，当连杆与从动件的夹角 δ 为锐角时，则 $\gamma = \delta$；若 δ 为钝角时，则 $\gamma = 180° - \delta$。因此，这两种情况下分别出现 $\delta_{\min}$ 及 $\delta_{\max}$ 的位置即为可能出现 $\gamma_{\min}$ 的位置。又由图 2-25 可知，在 $\triangle BCD$ 中，BC 和 CD 为定长，BD 随 δ 而变化，即 δ 变大，则 BD 变长；δ 变小，则 BD 变短。因此，当 $\delta = \delta_{\max}$ 时，$BD = BD_{\max}$；当 $\delta = \delta_{\min}$ 时，$BD = BD_{\min}$。对于图 2-25 所示的机

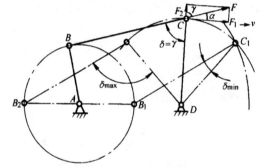

图 2-25　压力角和传动角

构，$BD_{\max} = AD + AB_2$，$BD_{\min} = AD - AB_1$，即此机构在曲柄与机架共线的两位置处出现最小传动角。

如图 2-26 所示的曲柄滑块机构，曲柄为主动件，当曲柄在与偏距方向相反的一侧且垂直于导路的位置时，将出现最小传动角。对于图 2-27 所示的导杆机构，由于在任何位置时主动曲柄通过滑块传给从动杆的力的方向，与从动杆上受力点的速度方向始终一致，所以传动角始终等于 90°。

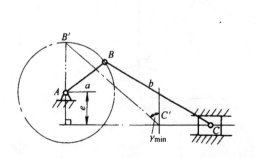

图 2-26　曲柄滑块机构的最小传动角

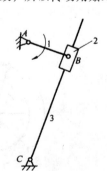

图 2-27　导杆机构的传动角

2.2.3 死 点

图 2-28 所示为以摇杆作主动件的曲柄摇杆机构，在从动曲柄与连杆共线的两个位置（如图所示）之一时，出现了机构的传动角 $\gamma = 0°$，压力角 $\alpha = 90°$ 的情况。这时连杆对从动曲柄的作用力恰好通过其回转中心，不能推动曲柄转动。机构的这种位置称为死点。此外，机构在死点位置时由于偶然外力的影响，也可能使曲柄转向不定。

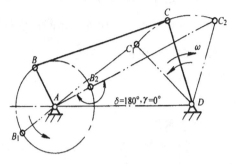

图 2-28 死点位置

在曲柄摇杆机构中，只有摇杆为原动件时才存在死点位置。当曲柄为原动件时，由于连杆与从动件不可能共线，就不存在死点位置。在判断四杆机构有无死点位置时，可看从动件与连杆是否有可能共线。

死点对于传动机构是不利的，为使机构能顺利通过死点而正常运转，一般采用安装飞轮以加大从动件的惯性，利用惯性来通过死点。也可采用机构错位排列的方法。图 2-29 所示为蒸汽机车车轮联动机构，它是使两组机构的死点相互错开，靠位置差的作用通过各自的死点。同任何事物一样，死点有它不利的一面，也有它可利用的一面，例如图 2-30 所示的夹具，就是利用死点进行工作的。当工件被夹紧后，BCD 成一直线，机构处于死点位置，即使工件的反力很大，夹具也不会自动松脱。

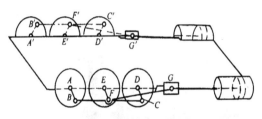

图 2-29 机构错位排列

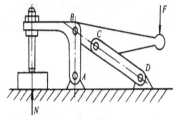

图 2-30 夹具机构

【任务实施】

1. 工具及材料准备

本任务与任务 1 一样，仍采用机构组合创新试验台，参见图 2-16。所需工具及材料与任务 1 一样，参见表 2-1。所需的其他组件如图 2-31 所示。

图 2-31 组建曲柄滑块机构所需组件

2. 曲柄滑块机构的搭建

（1）搭建皮带传动动力部分

此部分搭建步骤与任务 1 相同，请参照任务 1，最终搭建完成的机构如图 2-18 所示。

（2）曲柄滑块机构的搭建

曲柄滑块机构是最常用的铰链四杆机构的变形机构，它有 3 个转动副和 1 个移动副。将曲柄的旋转运动转化成滑块的往复直线运动。

搭建步骤如下：

① 搭建滑槽。选择长度为 350 mm 的连杆 1 根，从动轴 2 个，活动铰链座 2 个。通过活动铰链座将连杆水平固定到试验台的底座上。

② 搭建滑块。选择长度为 100 mm 的连杆 2 根，长度为 20 的盘杆转动轴 2 个，带垫片螺栓两个，将连杆的两端通过转动轴和垫片螺栓固定，使其能够在滑槽内左右滑动。

③ 连接曲柄。选择长度为 100 mm 的连杆 1 根作为曲柄，用压紧螺栓固定到主动轴上，使曲柄与皮带从动轮具有相同的角速度。

④ 连接连杆。选择长度为 250 mm 的连杆 1 根作为连杆，用转动轴将连杆与两端的曲柄和滑块固定，构成整个曲柄滑块机构。

搭建完成后的机构如图 2-32 所示。

图 2-32　曲柄滑块机构

3. 用图解法设计车门启闭机构

在实际应用过程中，车门的打开角度和打开后的位置是有要求的，对于常见的曲柄摇杆车门启闭系统，要求车门打开后与原位置成 90°，并且车门不能超出车身，其两个极限位置如图 2-33 所示。

在曲柄摇杆车门启闭机构中，车门是与连杆相连的。在运动过程中，必须要保证连杆能转过 90°，同时车门不能与车身发生干涉。

在进行机构设计时，一般只能知道车门的宽度，通过车门的两个极限位置来确定连杆和曲柄的长短，并确定曲柄的固定铰链位置。

在本次设计中，我们用 $L = 300$ mm 的连杆模拟车门，来确定连杆和曲柄的长度，并确定曲柄固定铰链的位置。作图软件为 AutoCAD 2004。

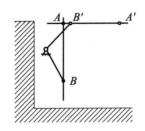

图 2-33　曲柄滑块机构设计图

步骤如下：

① 先确定车门的两个极限位置。车门的总长度为 300 mm，如图 2-34 所示。水平方向为车门闭合时的极限位置，垂直方向为车门完全打开时的极限位置。

② 确定连杆的长度。车门的两个极限位置的交点，为滑块的一个极限位置，交点用 A 表示，也就是连杆的一个端点，如图 2-35 所示。

通常我们取车门的 1/3 处作为连杆的另一个端点，我们用 B 来表示。那么连杆的长度就是线段 AB 的长度。通过作图，我们找到连杆在水平方向的位置 $A'B'$，即 $AB = A'B'$。

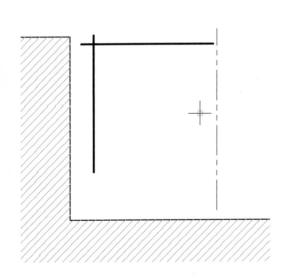

图 2-34　车门长度安排

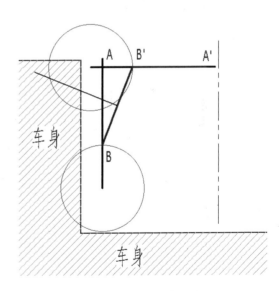

图 2-35　车门运行轨迹设计

③ 确定曲柄的固定位置和长度。连接点 B 和 B'，做线段 BB' 的中垂线，那么曲柄的固定铰链必定位于中垂线 BB' 上。考虑到铰链所处位置的合理性和美观，铰链的位置不能超出与车身的交点 O_1，也不能超出与垂直方向车门的交点 O_2，那么，铰链 O 最合理的位置应该在线段 O_1O_2 之间。通过测量发现，曲柄的长度在 103.62 mm 与 134.94 mm 之间，如图 2-36

（a）所示。在本设计中，我们取曲柄 $OB = 120$ mm。最后得到的曲柄滑块机构如图 2-36（b）所示。

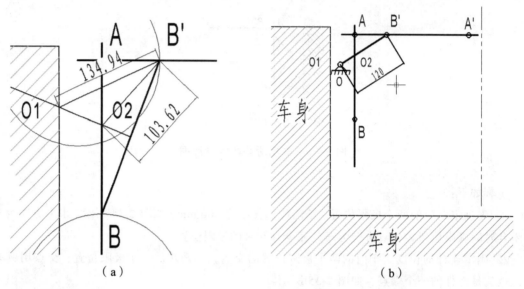

图 2-36　曲柄滑块机构设计

【综合练习】

利用机构组合创新实验平台搭建如图 2-37 所示的插床的插削机构。

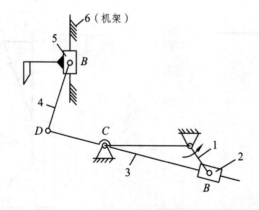

图 2-37　插床的插削机构运动简图

☆　知识拓展

一、凸轮机构

（一）凸轮机构的应用、特点、适用场合

在生产实际中，特别是在自动机、半自动机以及生产自动线中，往往要求机构实现某种特殊的或复杂的运动规律，或要求从动件的位移、速度和加速度按照预定的规律变化。对于这种运动规律，

通常多采用凸轮机构，若采用连杆机构或其他机构来实现就很困难，或使得设计方法特别繁琐。

　　凸轮机构是由凸轮、从动件和机架所组成的高副机构。凸轮是一个具有曲线轮廓或凹槽的主动件，一般做等速连续转动，也有的做往复移动。从动件则做往复直线运动或摆动。当凸轮连续运动时，由于其轮廓曲线上各点具有不同大小的向径，通过其曲线轮廓与从动件之间的高副接触，推动从动件按所规定的运动规律进行往复运动。

　　图2-38所示为内燃机配气机构。盘形凸轮1做等速转动，通过其向径的变化可使从动件2按预期规律做上、下往复移动，从而达到控制气阀开闭的目的。

　　图2-39所示为靠模车削机构，工件1回转时，移动凸轮（靠模板）3和工件1一起往右移动，刀架2在靠模板曲线轮廓的推动下做横向移动，从而切削出与靠模板曲线一致的工件。

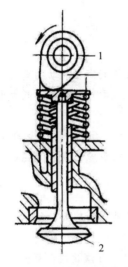

图2-38　内燃气配气机构

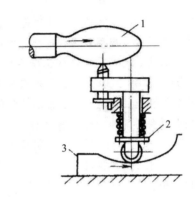

图2-39　靠模车削机构

　　图2-40所示为自动送料机构，带凹槽的圆柱凸轮1做等速转动，槽中的滚子带动从动件2做往复移动，将工件推至指定的位置，从而完成自动送料任务。

　　图2-41所示为分度转位机构，蜗杆凸轮1转动时，推动从动件2做间歇转动，从而完成高速、高精度的分度动作。

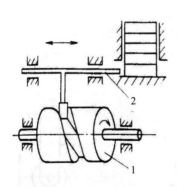

图2-40　圆柱凸轮机构

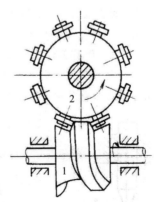

图2-41　蜗杆凸轮机构

　　由以上实例可以看出：凸轮机构主要用于转换运动形式。它可将凸轮的转动变成从动件的连续或间歇的往复移动或摆动；或者将凸轮的移动转变为从动件的移动或摆动。

　　凸轮机构的主要优点是：只要适当地设计凸轮轮廓，就可以使从动件实现生产所要求的运动规律，且结构简单紧凑、易于设计，因此在工程中得到广泛运用。

　　凸轮机构的主要缺点是：凸轮与从动件是以点或线相接触，压强较大，不便润滑，容易磨损；凸轮具有曲线轮廓，它的加工比较复杂，并需要考虑保持从动件与凸轮接触的锁合装置；由于受凸轮尺寸的限制，从动件工作行程较小。因此，凸轮机构多用于需要实现特殊要求的运动规律而传力不大的控制与调节系统中。

（二）二凸轮机构的分类

　　凸轮机构的类型繁多，常见的有以下分类。

1. 按凸轮的形状分类

　　① 盘形凸轮。如图 2-38 所示，凸轮是一个径向尺寸变化且绕固定轴转动的盘形构件。盘形凸轮机构的结构比较简单，应用较多，是凸轮中最基本的形式。但从动件的行程不能太大，否则凸轮的径向尺寸变化过大，对凸轮机构的工作不利。

　　② 移动凸轮。如图 2-39 所示，凸轮相对机架做直线平行移动。它可看作是回转半径无限大的盘形凸轮。凸轮做直线往复运动时，推动从动件在同一运动平面内也做往复直线运动。有时也可将凸轮固定，使从动件导路相对于凸轮运动。

　　③ 圆柱凸轮。如图 2-40 所示，在圆柱体上开有曲线凹槽或制有外凸曲线的凸轮，圆柱绕轴线旋转，曲线凹槽或外凸曲线推动从动件运动。圆柱凸轮可使从动件得到较大行程，所以可用于要求行程较大的传动中。

　　④ 曲面凸轮。如图 2-41 所示，当圆柱表面用圆弧面代替时，就演化成曲面凸轮。

2. 按从动件的型式分类

　　① 尖顶从动件。如图 2-42（a）、（b）所示，从动件与凸轮接触的一端是尖顶。它是结构最简单的从动件。尖顶能与任何形状的凸轮轮廓保持逐点接触，因而能实现复杂的运动规律。但因尖顶与凸轮是点接触，滑动摩擦严重，接触表面易磨损，故只适用于受力不大的低速凸轮机构。

　　② 滚子从动件。如图 2-42（c）、（d）所示，它是用滚子来代替从动件的尖顶，从而把滑动摩擦变成滚动摩擦，摩擦阻力小，磨损较少，所以可用于传递较大的动力。但由于它的结构比较复杂，滚子轴磨损后有噪声，所以只适用于重载或低速的场合。

　　③ 平底从动件。如图 2-42（e）、（f）所示，它是用平面代替尖顶的一种从动件。若忽略摩擦，凸轮对从动件的作用力垂直于从动件的平底，接触面之间易于形成油膜，有利于润滑，因而磨损小，效率高，常用于高速凸轮机构，但不能与内凹形轮廓接触。

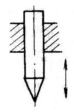
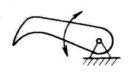
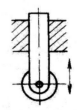

（a）移动（接触形式:尖顶）　　（b）摆动（接触形式:尖顶）　　（c）移动（接触形式:滚子）

（d）摆动（接触形式:滚子）　（e）移动（接触形式:平底）　（f）摆动（接触形式:平底）

图 2-42　从动件的型式

3. 按从动件的运动形式和相对位置分类

做往复直线运动的凸轮机构称为移动从动件；做往复摆动的凸轮机构称为摆动从动件。移动从动件的导路中心线通过凸轮的回转中心的，称为对心移动从动件，否则称为偏置移动从动件。

4. 按凸轮与从动件维持高副接触的方法分类

为保证凸轮机构能正常工作，必须保证从动件与凸轮轮廓始终相接触，根据维持高副接触的方法不同，凸轮机构可分为两类：

① 力封闭型凸轮机构。所谓力封闭，是指利用重力、弹簧力或其他外力使从动件与凸轮始终保持接触。图 2-38 所示的凸轮机构就是弹簧力来维持高副接触的一个实例。

② 形封闭型凸轮机构。所谓形封闭，是指利用高副元素本身的几何形状使从动件与凸轮轮廓始终保持接触。如图 2-40 所示，凸轮轮廓曲线做成凹槽，从动件的滚子置于凹槽中，依靠凹槽两侧的轮廓曲线使从动件与凸轮始终保持接触。

（三）从动件的运动规律

从动件的运动规律全面地反映了从动件的运动特性及其变化的规律性。在设计凸轮机构时，重要的问题之一就是根据工作要求和条件选择从动件的运动规律。下面简单地讨论一下从动件常用的运动规律及其选择。

1. 平面凸轮的基本尺寸和运动参数

现以图 2-43 所示的凸轮机构为例阐述常用的名词术语。

基圆——以凸轮轮廓的最小向径 r_b 为半径、凸轮转动中心为圆心所作的圆称为基圆。r_b 为基圆半径。

推程与推程运动角 δ_0 ——随着凸轮的转动，凸轮轮廓线上各点的向径逐渐增大，从动件从起始位置 A 开始，逐渐被凸轮推到离凸轮转动中心最远的位置 B 的运动过程称为推程。与从动件推程相对应的凸轮的转角 δ_0 称为推程运动角。

远停程与远停程角 δ_1 ——凸轮转动，而从动件在远离凸轮转动中心处停止不动的过程称为远停程。与从动件远停程相对应的凸轮的转角 δ_1 称为远停程角。

回程与回程运动角 δ_2 ——经过轮廓的 CD 段，从动件由最高位置回到最低位置，这个行程称为回程。与从动件回程相对应的凸轮的转角 δ_2 称为回程运动角。

近停程与近停程角 δ_3 ——从动件在离凸轮转动中心最近处停止不动的过程称为近停程。与从动件近停程相对应的凸轮的转角 δ_3 称为近停程角。

位移——在推程或回程中，从动件运动的最大距离称为位移，通常以 h 表示。

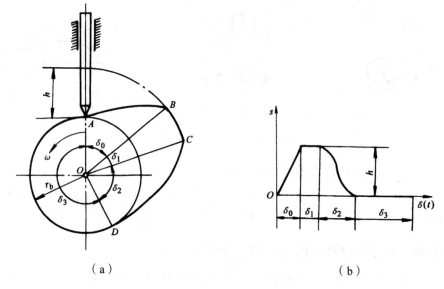

（a）　　　　　　　　　　　　　　（b）

图 2-43　凸轮机构的运动过程

2. 从动件的运动线图

对于凸轮机构，从动件在一个运动循环中的位移、速度、加速度的变化规律可以以函数的形式表示，称为从动件的运动方程；也可以以图像表示，以凸轮的转角 δ（或者对应的时间）为横坐标，以从动件的位移 s、速度 v、加速度 a 为纵坐标绘制出的表示从动件的位移、速度、加速度随凸轮转角的变化关系的曲线，称为从动件的运动线图。采用作图法绘制凸轮轮廓曲线时以及在分析研究凸轮机构的运动过程和动力性能时，都需要利用从动件的运动线图。

3. 从动件常用的运动规律

（1）等速运动

从动件做等速运动时的位移线图为一斜直线，如图 2-44 所示。其运动线图的表达式为（推程）

$$s = \frac{h}{\delta_0}\delta, \qquad v = \frac{h}{\delta_0}\omega, \qquad a = 0$$

由图 2-44 可知，从动件在运动开始和终止的瞬时，速度会发生突变，其加速度在理论上也会变为无穷大，此时，从动件在理论上也会产生无穷大的惯性力，此惯性力会使机构产生强烈的冲击、振动和噪声。这种类型的冲击称为刚性冲击。实际上，由于构件材料的弹性变形，加速度和惯性力都不会达到无穷大，但仍会在构件中引起极大的作用力，造成极大的冲击、振动和噪声，并导致凸轮轮廓和从动件严重磨损，工作性能变差。因此，等速运动规律只适用于低速轻载或特殊需要的凸轮机构中。

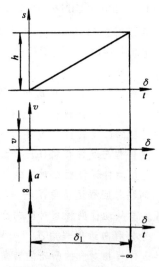

（2）等加速/等减速运动规律

这种运动规律是指从动件在一个推程或者回程中，前半程做

图 2-44　等速运动

等加速运动，后半程做等减速运动。通常加速度和减加速度的绝对值相等，在推程中从动件的运动方程为：

等加速段　　$0 \leq \delta \leq \delta_0/2$

$$s = \frac{2h}{\delta_0^2}\delta^2, \qquad v = \frac{4h}{\delta_0^2}\omega\delta, \qquad a = \frac{4h}{\delta_0^2}\omega^2$$

等减速段　　$\delta_0/2 \leq \delta \leq \delta_0$

$$s = h - \frac{2h}{\delta_0^2}(\delta_0 - \delta)^2, \qquad v = \frac{4h}{\delta_0^2}\omega(\delta_0 - \delta), \qquad a = -\frac{4h}{\delta_0^2}\omega^2$$

由以上两组方程可以看出，这种运动规律的位移曲线均为两段抛物线所组成，只不过两段抛物线有上凹与下凹的不同而已。图2-45所示为从动件等加速/等减速运动规律的运动线图。

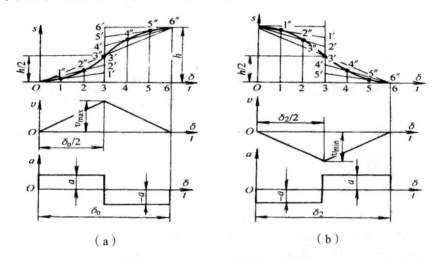

图 2-45 等加速/等减速运动规律

由加速度线图可见，这种运动规律当有远停程和近停程时，在推程或回程的两端及中点，其加速度只是有限值，因而所产生的惯性力也为有限值，由此而产生的冲击较刚性冲击要小，称为柔性冲击。尽管如此，这种运动规律也不适用于高速凸轮机构，而多用于中、低速、轻载的场合。

（3）余弦加速度运动规律（简谐运动规律）

这种运动规律的加速度是按余弦曲线变化，所以称为余弦加速度运动规律。其运动线图如图2-46所示。

由加速度曲线可见，这种运动规律在推程或回程的始点及终点，从动件有停歇时（停程角不为零），该点仍产生柔性冲击，因此它只适用于中、低速工作的场合。如果从动件做无停歇的往复运动时（停程角为零），则得到连续余弦曲线，运动中完全消除了柔性冲击，在这种情况下可用于高速。

（4）正弦加速度运动规律（摆线运动规律）

这种运动规律的加速度方程是整周期的正弦曲线，从动件的运动线图如图2-47所示。从动件按正弦加速度规律运动时，在全行程中无速度和加速度的突变，因此既无刚性冲击，也无柔性冲击，在中间部分加速度变化平缓，故机构传动平稳，振动、噪音和磨损较小，适用于高速场合。

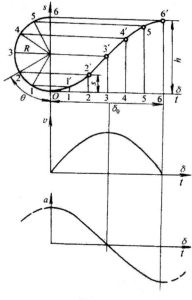

图 2-46　简谐运动

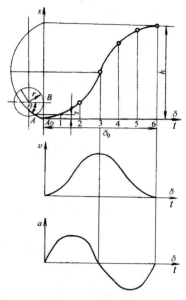

图 2-47　摆线运动

二、棘轮机构

（一）工作原理

图 2-48 所示为棘轮机构。它主要由摇杆 1、棘爪 4、棘轮 3、制动爪 5 和机架 2 等组成。弹簧 6 用来使制动爪 4 和棘轮 3 保持接触。当主动摇杆 1 逆时针转动时，摇杆带动棘爪推动棘轮转过一定角度。此时，制动爪在棘轮的齿背滑过。当主动摇杆顺时针转动时，制动爪阻止棘轮顺时针转动，同时棘爪在棘轮的齿背上滑过，故此时棘轮静止不动。这样，在主动摇杆做连续摆动时，棘轮便做单向的间歇运动。摇杆的摆动可由曲柄摇杆机构、凸轮机构等来实现。

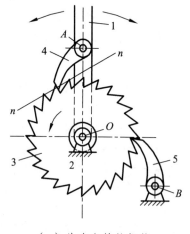

（a）外啮合棘轮机构

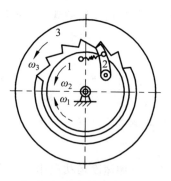

（b）内啮合棘轮机构

图 2-48　棘轮机构

（二）基本类型

棘轮机构通常可分为齿啮式和摩擦式两大类。

1. 齿啮式棘轮机构

齿啮式棘轮机构是靠棘爪和棘轮啮合传动。棘轮的棘齿既可以作在棘轮的外缘（称外啮合棘轮机构），如图2-48（a）所示；也可以作在棘轮的内缘（称内啮合棘轮机构），如图2-48（b）所示，例如自行车后轮轴的内啮合齿式棘轮机构。

根据运动情况，齿啮式棘轮机构又可分为：① 单动式棘轮机构，如图2-48（a）所示，当主动摇杆1往复摆动一次时，棘轮只能单向间歇转过一定角度；② 双动式棘轮机构，如图2-49所示，其棘爪可制成平头撑杆，亦称作直头撑杆［见图2-49（b）］或钩头拉杆［见图2-49（a）］。当主动摇杆做往复摆动时，可使棘轮沿同一方向间歇转动。该机构每次停歇时间较短，棘轮每次的转角也较小。

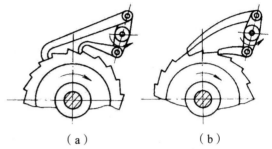

（a）　　　　　（b）

图2-49　双动式棘轮机构

2. 摩擦式棘轮机构

图2-50所示为外接摩擦式棘轮机构，它靠棘爪和棘轮之间的摩擦力传动。棘轮转角可作无极调节，传动中无噪声，但接触面之间容易发生滑动。为了增加摩擦力，可将棘轮作成槽形，将棘爪嵌在轮槽内。

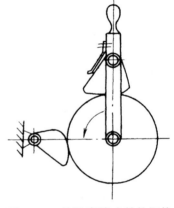

图2-50　外接摩擦式棘轮机构

（三）棘轮机构的特点及应用

棘轮机构具有结构简单、制造方便、运动可靠、棘轮的转角可以在很大范围内调节等优点，但工作时有较大的冲击和噪声，运动精度不高，传递动力较小，所以常用于低速轻载、要求转角不太大或需要经常改变转角的场合。棘轮机构具有单向间歇的运动特性，利用它可满足送进、制动、超越和转位分度等工艺要求。

三、槽轮机构

（一）槽轮机构的基本类型和工作原理

槽轮机构有外啮合槽轮机构和内啮合槽轮机构两种类型，如图2-51所示为外啮合槽轮机构。槽轮机构由带有圆销A的拨盘、具有径向槽的槽轮和机架组成。

现以外啮合槽轮机构为例，说明其工作原理：当拨盘做等速连续转动，其圆柱销A没有进入槽轮的径向槽时，槽轮

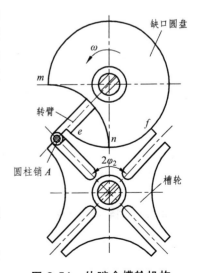

图2-51　外啮合槽轮机构

的内凹锁止弧 *ef* 被拨盘的外凸圆弧 *mn* 卡住，使槽轮静止不动；当圆柱销 *A* 进入槽轮的径向槽时，锁止弧 *ef* 被松开，槽轮被圆柱销 *A* 带动转动；当圆柱销 *A* 离开径向槽时，槽轮的内凹锁止弧又被拨盘的外凸圆弧卡住，使槽轮又静止不动。这样，就将主动件的连续转动转换为从动槽轮时动、时停的周期性的间歇运动。

（二）槽轮机构的特点和应用

槽轮机构结构简单，工作可靠，在进入和退出啮合时槽轮的运动要比棘轮的运动更平稳；机械效率高，转位迅速，从动件能在较短时间内转过较大的角度；但由于槽轮每次转过的角度大小与槽数有关，要想改变转角的大小，必须更换具有相应槽数的槽轮，制造与装配精度要求较高；槽轮机构传动存在柔性冲击，不适用于高速场合。

槽轮机构主要用于各种需要间歇转动一定角度的分度装置和转位装置中，在自动机械中应用广泛。图 2-52 所示为六角车床的刀架转位机构，为了能按照零件加工工艺的要求自动改变需要的刀具，采用了槽轮机构。在与槽轮固联的刀架上装有六种刀具，槽轮上有六个径向槽，拨盘 1 上装有一个圆柱销 *A*。拨盘 1 转动一周，圆柱销 *A* 便进入槽轮一次，驱使槽轮 2 转过 60°，刀架也随着转过 60°，从而将下一道工序的刀具转换到工作位置。有关棘轮机构和槽轮机构的设计，可参阅机械设计手册等。

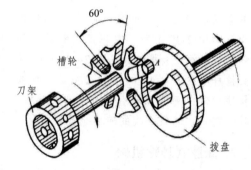

图 2-52　六角车床刀架转位机构

四、不完全齿轮机构

图 2-53 所示为外啮合不完全齿轮机构。它由一个或几个齿的不完全齿轮 1、具有正常轮齿和带锁止弧的齿轮 2 及机架组成。在主动轮 1 的等速连续转动中，当主动轮 1 上的轮齿与从动轮 2 的正常齿相啮合时，主动轮 1 驱动从动轮 2 转动；当主动轮 1 的锁止弧 s_1 与从动轮 2 的锁止弧 s_2 接触时，则从动轮 2 停歇不动并停止在确定的位置上，从而实现周期性的单向间歇运动。图 2-53 所示的不完全齿轮机构的主动轮 1 每转 1 周，从动轮转 1/4 周。

不完全齿轮机构与其他间歇运动机构相比，优点是结构简单、制造方便，从动轮的运动时间和静止时间的比例不受机构结构的限制；缺点是从动轮在转动开始和终止时，角速度有突变，冲击较大，故一般只用于低速或轻载场合。如果

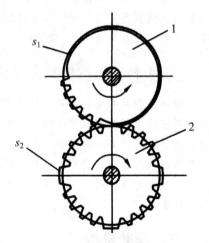

图 2-53　不完全齿轮机构

用于高速，则可安装瞬心附加杆使从动件的角速度由零逐渐增加到某一数值，以使机构传动平稳。

五、链传动机构

（一）链传动机构的工作原理与特点

链传动机构是由主动链轮 1、从动链轮 3 和链条 2 组成，用于两轴线平行的传动，如图 2-54 所示。

工作时通过链条的链节与链轮轮齿的啮合来传递运动和动力。与带传动相比，链传动有以下特点：

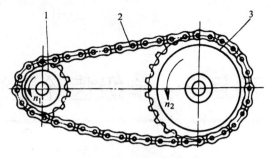

图 2-54 链传动的组成

① 链传动是啮合传动，与摩擦型带传动相比，无弹性滑动和打滑现象，链传动有准确的平均传动比，但由于链节是刚性的，故瞬时传动比不稳定，传动平稳性差，工作时有噪声。

② 在传递相同动力时，链传动结构比带传动紧凑，工作可靠，效率较高，过载能力强。

③ 由于链传动不需要初拉力，因此链轮作用在轴和轴承上的载荷与带传动相比较小。

④ 链传动可在高温、多尘、潮湿、有污染等恶劣环境中工作。但制造和安装的精度较带传动高，制造成本也较贵，易于实现较大中心距的传动或多轴传动。

⑤ 低速时能传递较大的载荷。

（二）链的结构和应用

按链的用途不同，链可分为：传动链、起重链和牵引链。起重链用于起重机械中提升重物；牵引链用于链式输送机中移动重物。在一般机械中传递运动和动力的链传动装置中，常用的是传动链。常用的传动链根据其结构的不同，可分为短节距精密滚子链（简称滚子链）和齿形链两种。其中，滚子链应用最广。

链传动用于中心距较大又要求平均传动比准确、工作环境恶劣的开式传动、低速重载传动、润滑良好的高速传动的场合，不宜用于载荷变化很大和急速反向的传动中。

通常，链传动传递的功率 $P \leqslant 100\ kW$，链速 $v \leqslant 15\ m/s$，传动比 $i < 8$，传动中心距 $a \leqslant 5 \sim 6\ m$。目前，链传动最大的传递功率可达 5 000 kW，链速可达 40 m/s，传动比可达 15，中心距可达 8 m。

（三）链传动的运动特性

1. 运动的不均匀性

滚子链是由刚性链节通过销轴铰接而成，当其绕在链轮上与链轮啮合时将形成折线，相当于链绕在边长为节距 p（链条上相邻销轴的中心距）、边数为链轮齿数 z 的多边形轮上，链条在传动过程中，每转过一个链节，链速则周期性地由小变大，再由大到小地变化。正是这样的变化，造成链传动速度的不均匀性。这种由于链条绕在链轮上形成多边形啮合传动而引起传动速度不均匀的现象，称为多边形效应。链轮的节距越大，链轮齿数越少，链速的不均匀性越明显。

2. 附加动载荷

链条的速度呈周期性变化，导致链条具有加速度，则必然引起附加动载荷。主动链轮转速愈高，链条节距愈大，则加速度就愈大，链传动的动载荷也就愈大。因此设计链传动时，应尽可能选择较小的链条节距、较多的链轮齿数和适宜的链轮转速，以减轻链传动运动的不均匀性和动载荷的危害，因此，链传动常安排在低速级。

项目 3　单级齿轮减速器的轴系设计与组装

☆　项目说明

　　齿轮轴是传动设备中重要的连接用零件，对机械性能要求较高，需要根据传递的功率进行齿轮轴的结构设计。在设计的过程中，需要与已知的标准件的尺寸进行配合，因此，轴的设计是常见的机械设计。

　　本项目是在给定传递功率的前提下，对减速器的主传动轴进行结构设计，并利用如图3-1所示的轴系组装试验箱进行轴系结构组装，增强学生对齿轮传动的认识。

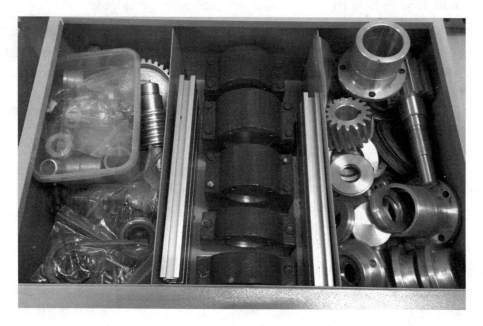

图 3-1　轴系组装试验箱

☆　项目学习目标

完成本项目的学习后，学生应该具备以下能力：

1. 会选择常用的滚动轴承的类型。
2. 会进行齿轮轴的初步尺寸设计。
3. 会按照正确顺序对轴系零件进行组装。
4. 会根据不同使用环境选择滚动轴承的润滑方式。
5. 会对轴系的配合及游隙进行调整。

任务 1 齿轮轴的初步设计及选择

【任务目标】

① 掌握齿轮传动轴的初步设计准则。

② 认识常用轴向固定零件。

③ 知道滚动轴承的命名规则，会正确选择轴承的型号。

【任务描述】

轴系结构是机械的重要组成部分，也是齿轮变速箱内起重要连接作用的零件。本任务主要是在已知传递功率的条件下，对减速箱的主动轴尺寸进行初步的设计计算。

已知如图 3-2 所示的单级圆柱齿轮减速器，主动轴传递的功率为 3 kW，转速为 500 r/min，轴上主动齿轮的直径 $d = 50$ mm，齿宽 $b_1 = 60$ mm，无其他特殊要求。

主要任务如下：

① 根据减速箱的工作环境及相关参数，选择齿轮轴的材料。

② 根据功率和转速条件以及选择的齿轮的材料，初步确定轴的直径。

③ 进行轴的结构设计，包括轴上零件的轴向定位和周向定位，确定各段轴径和长度，考虑轴的工艺性。

图 3-2 单级直尺圆柱齿轮减速器

【相关知识】

1.1 齿轮的分类及材料选择

齿轮机构是现代机械中应用最广泛的一种机构。其广泛应用的理由是由于该机构具有以下几个优点：① 传递圆周速度和功率范围大；② 瞬时传动比恒定；③ 传动效率高；④ 寿命较长；⑤ 可以传递空间任意两轴的运动。其缺点是：① 要求较高的制造和安装精度，成本较高；② 不宜用于远距离两轴之间的传动；③ 低精度齿轮在传动时会产生振动和噪声。

1.1.1 齿轮的分类

（1）按齿轮的形状和两轴线间的相对位置分类

按齿轮的形状和两轴线间的相对位置，齿轮有如下分类（见图 3-3）：

$$齿轮机构\begin{cases} 两轴平行的齿轮机构——圆柱齿轮机构 \\ （平面齿轮机构） \\ \\ 两轴不平行的齿轮机构 \\ （空间齿轮机构） \end{cases}$$

两轴平行的齿轮机构——圆柱齿轮机构（平面齿轮机构）

直齿
- 外啮合 [见图 3-3（a）]
- 内啮合 [见图 3-3（b）]
- 齿轮齿条机构 [见图 3-3（c）]

斜齿 [见图 3-3（d）]

人字齿 [见图 3-3（e）]

两轴不平行的齿轮机构（空间齿轮机构）

两轴相交的齿轮机构（锥齿轮机构）
- 直齿 [见图 3-3（f）]
- 曲齿 [见图 3-3（g）]

两轴交错的齿轮机构
- 交错轴斜齿轮 [见图 3-3（h）]
- 蜗轮蜗杆 [见图 3-3（i）]

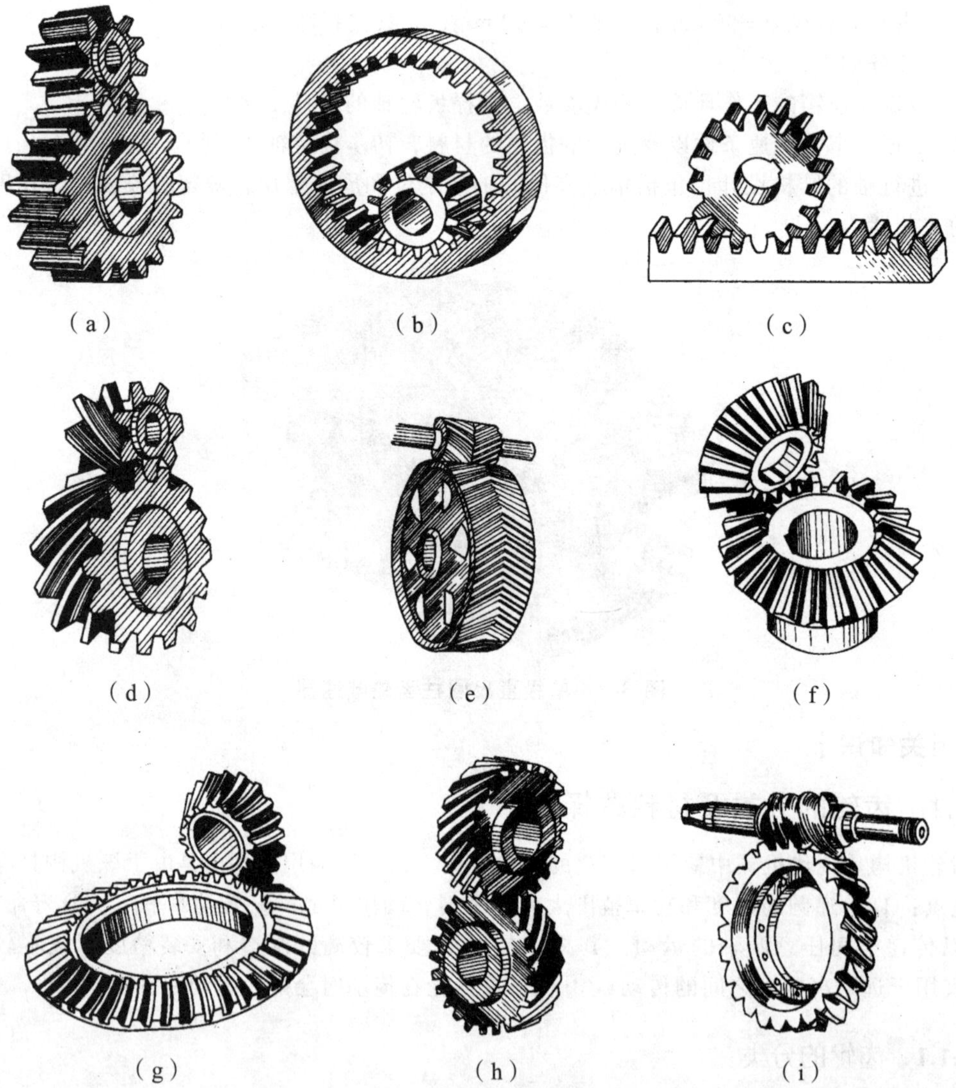

（a）　　　　　　　（b）　　　　　　　（c）

（d）　　　　　　　（e）　　　　　　　（f）

（g）　　　　　　　（h）　　　　　　　（i）

图 3-3　齿轮传动的类型

（2）按齿轮的工作条件分类

按齿轮的工作条件，齿轮可分为：

① 开式齿轮传动。齿轮无箱无盖地暴露在外，故不能防尘且润滑不良，因而轮齿易于磨损，寿命短，只能用于低速或低精度的场合，如水泥搅拌机齿轮、卷扬机齿轮等。

② 闭式齿轮传动。齿轮安装在密闭的箱体内，故密封条件好，且易于保证良好的润滑，使用寿命长，均用于较重要的场合，如机床主轴箱齿轮、汽车变速箱齿轮、减速器齿轮等。

1.1.2　齿轮的常用材料

制造齿轮用的材料主要是钢，大多数齿轮，特别是重要齿轮都采用锻件或轧制钢材；只有在形状复杂和直径较大（$d \geqslant 500$ mm）且不易锻造的情况下，才采用铸钢制造。传动功率不大、无冲击、低速开式传动中的齿轮可采用灰铸铁。高强度球墨铸铁可以代替铸钢制造大齿轮。有色金属仅用于制造有特殊要求（如抗腐蚀性、防磁性等）的齿轮。对于高速、轻载及精度要求不高的齿轮，为减小噪声，可采用非金属材料（如塑料、尼龙、夹布胶木等）做成小齿轮，但大齿轮仍采用钢或灰铸铁制造。

表 3-1 列出了一些常用的齿轮材料。

表 3-1　常用的齿轮材料

材料	热处理	齿面硬度		许用接触应力 $[\sigma_H]$（N/mm²）	许用弯曲应力 $[\sigma_F]$（N/mm²）
		HBS	HRC		
45	正火	163～217		460～540	200～215
	调质	217～255		560～600	215～225
	表面淬火		40～50	880～970	190～230
40Cr 40MnB	调质	241～286		670～750	285～300
	表面淬火		40～50	1060～1130	190～230
35SiMn	调质	217～269		640～710	275～290
	表面淬火		40～50	1060～1500	190～230
20Cr 20CrMnTi	渗碳淬火、回火		56～62	1300～1500	310～410
					160～170
ZG270-500	正火	143～197		430～460	165～175
ZG310-570	正火	163～197		445～480	170～180
ZG340-640	正火	179～207		460～490	195～210
ZG35SiMn	正火	163～217		480～550	190～210
	调质	197～248		530～605	205～220
	表面淬火		40～45	880～930	190～210
HT250		170～241		305～370	55～75
HT300		187～255		320～385	60～80
HT350		197～269		330～400	150～170
QT500-7		170～230		350～460	

注：1. 长期双侧工作的齿轮传动，许用弯曲应力$[\sigma_F]$应将表中的数值乘以 0.7。

　　2. 表中淬火层的质量得不到保证时，建议将表中的$[\sigma_H]$乘以 0.9。

　　3. 表中表面淬火钢的许用弯曲应力是指调质后进行表面淬火而得的。

对于软齿面齿轮，这类齿轮常用的材料为中碳钢和中碳合金钢，采用的热处理为调质或正火。由于齿面硬度不高，在热处理后仍可利用滚刀等工具进行切齿，制造容易，成本较低。主要用于传动尺寸和重量没有严格限制的一般传动。

对于硬齿面齿轮，这类齿轮齿面硬度很高，因此最终热处理只能在切齿后进行。如果热处理后轮齿变形，对于精度要求较高的齿轮，尚需进行磨齿等精加工，工艺复杂，制造费用较高。硬齿面齿轮通常采用中碳钢、中碳合金钢或低碳合金钢制造，前两者的热处理方法为表面淬火，后者为渗碳淬火。主要用于高速重载或者要求尺寸紧凑等重要传动场合。

如果一对齿轮均用钢材制造，考虑到小齿轮的齿根厚度较小，应力循环次数较多以及有利于抗胶合等原因，在选择轮齿的热处理方法时，一般应使小齿轮的齿面硬度比大齿轮高出 30 ~ 5OHBS，甚至更多。

1.2 滚动轴承

1.2.1 滚动轴承的类型

滚动轴承是各种机械中普遍使用的标准件。具有摩擦阻力小、效率高、起动轻快和润滑简单等优点，所以在各种机械设备中都获得了十分广泛的应用。在一般的机械设计中，滚动轴承不需要自行设计，只需要根据载荷、转速、旋转精度和工作条件等各方面的要求，按标准选用。

滚动轴承通常由内圈 1、外圈 2、滚动体 3 和保持架 4 组成（见图 3-4）。内圈装在轴颈上，外圈装在机座或零件的轴承孔内。工作时滚动体在内、外圈间的滚道上滚动，形成滚动摩擦。保持架的作用是把滚动体相互隔开。

按照滚动体的形状（见图 3-5），可将滚动轴承分为球轴承和滚子轴承。根据轴承承受载荷的方向，滚动轴承又可分为向心轴承（主要承受径向载荷）和推力轴承（主要承受轴向载荷）。滚动轴承的滚动体与外圈滚道接触点的法线与径向平面之间的夹角 α 称为接触角，α 越大，轴承承受轴向载荷的能力也越大。向心轴承公称接触角为 $0° \leqslant \alpha \leqslant 45°$，推力轴承公称接触角为 $45° < \alpha \leqslant 90°$。滚动轴承的常用类型见表 3-2。

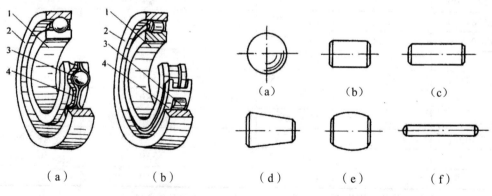

（a）　　　　　　（b）　　　　　　（a）　　　　（b）　　　　（c）

　　　　　　　　　　　　　　　　（d）　　　　（e）　　　　（f）

图 3-4　滚动轴承的结构　　　　　图 3-5　滚动轴承的滚动体形状

表 3-2 滚动轴承的主要类型及特征

轴承名称及类型代号	结构简图、承载方向	标准号	基本额定动载荷比	允许编转角δ	极限转速比	价格比	特　性
双列角接触球轴承 0 [6000 型]		GB/T296	1.6~2.1		中		可同时承受径向载荷和轴向载荷，它比角接触球轴承具有更大的承载能力
调心球轴承 1 [1000 型]		GB/T281—94	1~1.4	2°~3°	高	1.3	主要承受径向载荷，也可承受较小的双向轴向载荷。因外圈滚道表面是以轴承中心为中心的球面，故具有自动调心功能
圆锥滚子轴承 3 [7000 型]		GB/T297—94	1.1~2.5	2′	中	1.5	能承受较大的径向载荷和单向的轴向载荷。接触角$\alpha = 11° \sim 16°$，内、外圈可分离，安装时便于调整轴承间隙，通常成对使用。承载能力大于角接触球轴承
推力球轴承 5 [8000 型]	单向 51000 	GB/T301—95	1	0	低	单向：0.9	套圈可分离。单向推力球轴承只能承受单向轴向载荷，两个套圈的内孔不一样大，内孔较小的是与轴相配合的紧圈，内孔较大的是与轴承座孔固定的松圈
	双向 52000 					双向：1.8	双向推力球轴承可以承受双向轴向载荷，中间套圈为与轴相配合的紧圈，另两个套圈为松圈。工作时轴线必须与轴承座底面垂直，载荷必须与轴线重合，以保证钢球载荷的均匀分布

续表 3-2

轴承名称及类型代号	结构简图、承载方向	标准号	基本额定动载荷比	允许编转角δ	极限转速比	价格比	特　性
深沟球轴承 6 [0000 型]		GB/T276—94	1	8′～16′	高	1	主要承受径向载荷，也可同时承受较小的双向轴向载荷。当量摩擦因数小，极限转速高，结构简单，价格低廉，可大量生产。在高速时可代替推力球轴承
角接触球轴承 7 [6000 型]		GB/T292—94	1.0～1.4（C） 1.0～1.3（AC） 1.0～1.2（B）	2′～10′	高	1.7	可以同时承受径向载荷和单向的轴向载荷，也可单独承受轴向载荷。由于一个轴承只能承受单向的轴向载荷，因而一般成对使用。承受轴向载荷的能力由接触角α决定。α越大，承受轴向载荷的能力越强。α有 15°（C）、25°（AC）、40°（B）三种
圆柱滚子轴承	N[2000 型]	GB/T283—94	1.5～3	2′～4′	高	2	N 型外圈可以分离
	NU[32000 型]						NU 型内圈可以分离，故不能承受轴向载荷，而只能承受径向载荷。刚性好

1.2.2　滚动轴承的命名规则

滚动轴承的类型很多，每一种类型又有不同的尺寸和结构等多种规格。为了便于设计、制造和使用，GB/T272—93 规定了轴承代号的表示方法。滚动轴承代号由基本代号、前置代号和后置代号构成，其排列如下：

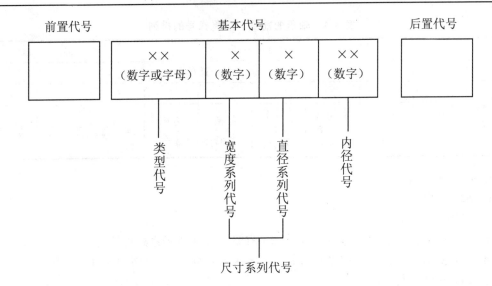

（1）基本代号

　　基本代号由轴承类型代号、尺寸系列代号和内径代号构成，它表示轴承的基本类型、结构和尺寸，是轴承代号的核心部分。

　　① 类型代号：用数字或大写拉丁字母表示，其含义见表 3-2 第一列。

　　② 尺寸系列代号：

　　● 直径系列代号：表示内径相同的同类轴承有几种不同的外径和宽度。用数字 7、8、9、0、1、2、3、4、5 表示，外径和宽度依次增大，如图 3-6 所示。

　　● 宽度系列代号：表示内、外径相同的同类轴承宽度的变化。宽度系列用数字 8、0、1、2、3、4、5、6 表示，宽度依次增加，其中常用的为 0、1、2、3。当宽度系列代号为 0 时，可省略不标。

　　③ 内径代号：常用的轴承内径代号见表 3-3。

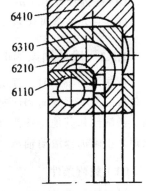

图 3-6　宽度系列代号

表 3-3　轴承内径代号

内径代号	00	01	02	03	04～96
轴承内径（mm）	10	12	15	17	内径代号×5

（2）前置、后置代号

　　前置、后置代号是轴承在结构形状、尺寸、公差、技术要求等方面有改变时，在基本代号左右添加的补充代号，其排列见表 3-4。前置代号用字母表示，后置代号用字母（或加数字）表示。例如，角接触球轴承，内部结构代号表示公称接触角，代号 C 表示 $\alpha = 15°$；代号 AC 表示 $\alpha = 25°$；代号 B 表示 $\alpha = 40°$；代号 E 表示轴承是加强型。公差等级代号 /P0、/P6、/P6x、/P5、/P4、/P2 分别表示公差等级符合 0 级、6 级、6x 级、5 级、4 级、2 级，其中 /P0 在代号中省略不标。更详细的前置、后置代号的含义及表示方法参见 GB/T272—93。对于一般用途的轴承，没有特殊改变，公差等级为 /P0 级时，无前置、后置代号，即只用基本代号表示。

表 3-4 轴承的前置、后置代号的排列

前置代号	基本代号	后置代号							
		轴承代号							
		1	2	3	4	5	6	7	8
成套轴承的分部件		内部结构	密封与防尘套圈变型	保持架及其材料	轴承材料	公差等级	游隙	配置	其他

滚动轴承代号举例：

① 6204，其中：

6——轴承类型为深沟球轴承。

（0）2——尺寸系列代号，宽度系列为 0（省略），2 为直径系列代号。

04——内径代号，$d = 4 \times 5 = 20$ mm；公差等级为 0 级（公差等级代号/P0 省略）。

② 61710/P6，其中：

6——轴承类型为深沟球轴承。

17——尺寸系列代号，宽度系列为 1；7 表示直径系列代号。

10——内径代号，$d = 10 \times 5 = 50$ mm。

P6——公差等级代号，轴承公差等级为 6 级。

1.2.3 滚动轴承的选择依据

选用滚动轴承时，首先是选择其类型。选择滚动轴承类型应考虑的主要因素有：① 轴承所受载荷的大小、方向和性质；② 轴向固定方式；③ 转速与工作环境；④ 空间位置；⑤ 调心性能、经济性和其他特殊要求等。表 3-2 列出了各类轴承的特性，我们可以根据此表并参考下列原则来正确选择滚动轴承。

（1）载荷条件

轴承所承受载荷的大小、方向和性质是选择轴承类型的主要依据。

① 载荷的大小。载荷较大、有冲击时应选用线接触的滚子轴承，载荷较小及较平稳时应优先选用点接触的球轴承。

② 载荷的方向。对于纯轴向载荷，一般选用推力轴承，如 5 类轴承。对于纯径向载荷，一般选用径向轴承，如 6 类、N 类、NA 类。当轴承同时承受径向载荷和轴向载荷时，若轴向载荷相对径向载荷较小，可选用深沟球轴承或公称接触角不大的角接触轴承，如 6 类、7 类轴承；若轴向载荷较大时，则选用公称接触角较大的角接触轴承（如 7 类、3 类轴承）或推力轴承与深沟球轴承（或圆柱滚子轴承）的组合（这在轴向载荷超过径向载荷较多或要求变形较小时尤为适宜）。推力轴承不能承受径向载荷，圆柱滚子轴承不能承受轴向载荷。

（2）转速条件

在一般转速下，转速的高低对滚动轴承类型的选择不产生影响，但在转速较高时，则影响较为显著。轴承标准中列出了各种类型、尺寸轴承的极限转速 $n_{\lim}$ 值。

滚子轴承的极限转速较球轴承低，因而当转速较高且旋转精度要求较高时，应选用球轴承。推力轴承的极限转速均较低，当工作转速高时，若轴向载荷不十分大，可采用角接触球轴承或

深沟球轴承。在外径相同的条件下，外径愈小，则滚动体愈轻小，运转时滚动体施加于外圈滚道上的离心力也愈小，也就更适用于更高的转速，因而在高速时，宜选用尺寸小的轴承。

（3）轴承刚度及调心性能

滚子轴承的刚度比球轴承高，因而对轴承刚度要求高的场合宜选用滚子轴承。

若装配一根轴的两个轴承座孔的同心度难以保证，或轴受载荷作用后发生较大的挠曲变形，则应选用具有调心性能的轴承。

（4）装调性能

便于装调，也是在选择轴承类型时应考虑的一个因素。在轴承座没有剖分面而又必须沿轴线装配和拆卸轴承部件时，应选用内、外圈可分离的 3 类（圆锥滚子轴承）或 N 类（圆柱滚子轴承）轴承。有时由于轴承安装尺寸的限制，例如，当轴承径向尺寸不允许太大时，可考虑选用滚针轴承。

（5）经济性

在满足使用要求的前提下应优先选用价格低廉的轴承。一般球轴承的价格较滚子轴承低。轴承的精度越高则价格越高，在同等精度的轴承中深沟球轴承的价格最低。同型号不同精度等级的轴承的价格比为：P0：P6：P5：P4：P2 = 1：1.5：1.8：6：10，因此选用高精度轴承必须慎重。

1.3　轴

1.3.1　轴的分类

轴是组成机器的重要零件之一。轴的主要功用是支承旋转零件（如齿轮、带轮等），以实现运动和动力的传递。

轴按其所受载荷的性质不同可分为以下几类。

（1）心轴

心轴是只承受弯矩不承受扭矩的轴，按其是否与轴上零件一起转动，可分为固定心轴和转动心轴。固定心轴工作时不转动，轴上所产生的弯曲应力为静应力（即应力不变），如自行车的前轮轴，见图 3-7（a）。转动心轴工作时随转动件一起转动，轴上所产生的弯曲应力为对称循环交变应力，如铁路机车的轮轴，见图 3-7（b）。

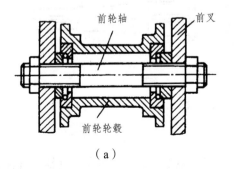

（a）

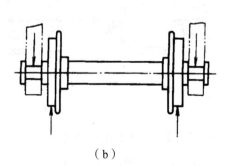

（b）

图 3-7　心轴

（2）转轴

转轴是既承受弯矩作用又承受转矩作用的轴，如齿轮减速器中的轴（见图3-8）。这是机械中最常见的轴。

（3）传动轴

传动轴是主要承受转矩而不承受弯矩或承受弯矩很小的轴，如汽车中连接变速器与后桥差动器之间的传动轴（见图3-9）。

根据轴线的几何形状，轴还可以分为直轴、曲轴和软轴。中心线为一直线的轴称为直轴。在轴的全长上直径都相等的直轴称为光轴。各段直径不相等的直轴称为阶梯轴（见图3-8），由于阶梯轴便于轴上零件的装拆和定位，又能节省材料和减轻重量，所以在机械中应用最普遍。本任务重点介绍阶梯轴。

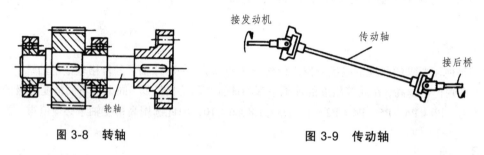

图 3-8　转轴　　　　　　　　　　图 3-9　传动轴

1.3.2　轴的各部分名称

图3-10所示为圆柱齿轮减速器中的低速轴。轴通常由轴头、轴颈、轴身、轴肩、轴环及轴端组成。

轴颈：轴与轴承配合处的轴段。

轴头：安装轮毂的轴段。

轴身：轴头与轴颈间的轴段。

轴肩或轴环：阶梯轴上截面尺寸单向变化处称为轴肩，轴肩又可分为定位轴肩和非定位轴肩。双向变化处称为轴环。

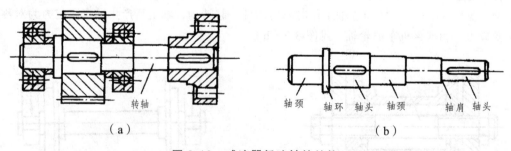

（a）　　　　　　　　　　　　　　（b）

图 3-10　减速器低速轴的结构

1.3.3　轴的初步设计准则

转轴的设计一般应按以下步骤进行：① 选择轴的材料和热处理，② 初步计算轴的直径，③ 轴的结构设计，④ 轴的强度校核计算，⑤ 画出轴的零件图。本项目不涉及受力分析、强度校核和机械绘图，故只讲解前3步的内容。

（1）轴的材料和热处理

由于轴工作时产生的应力多为变应力，所以轴的失效一般为疲劳断裂（约占失效总数的 40%～50%），因此轴的材料应具有足够的疲劳强度、较小的应力集中敏感性，同时还须满足刚度、耐磨性、耐腐蚀性要求，并具有良好的加工工艺性。

根据上述要求，轴的材料一般宜选用中碳钢或中碳合金钢。对于载荷不大、转速不高的一些不重要的轴可采用 Q235、Q275 等碳素结构钢来制造，以降低成本；对于一般用途和较重要的轴，多采用 45 钢等中碳的优质碳素结构钢制造，这类钢对应力集中的敏感性小，加工性和经济性好，且经过调质（或正火）处理后可获得良好的综合机械性能，轴颈处可进行表面淬火处理。合金钢的机械性能和热处理工艺性能均优于碳素钢，所以，对于要求强度高而尺寸小、重量轻的重要的轴或有特殊性能要求（如在高温、低温或强腐蚀条件下工作）的轴，应采用合金钢制造，如 40Cr、35SiMn、40MnB 等，并经调质处理。需要注意的是，合金钢与碳素钢的弹性模量 E 值相近，所以用合金钢代替碳素钢不能提高轴的刚度。

合金铸铁和球墨铸铁具有良好的加工工艺性，且价格低廉、吸振性好、耐磨性较高，对应力集中的敏感性较低，因而常用于制造形状复杂的轴，但铸造质量较难控制。轴的常用材料及其主要机械性能见表 3-5。

表 3-5　轴的常用材料及其主要机械性能

材料		热处理方法	毛坯直径 d/mm	硬度（HBS）	主要机械性能（MPa）				C
类别	牌号				抗拉强度极限 σ_b	屈服极限 σ_s	弯曲疲劳极限 σ_{-1}	剪切疲劳极限 τ_{-1}	
碳素结构钢	Q235A				440	240	200	105	160～135
	Q275				520	280	220	135	135～118
优质碳素钢	20	正火	25	≤156	420	250	180	100	160～135
		正火	≤100	103～156	400	220	165	95	
		正火	＞100～300	103～156	380	200	155	90	
		回火	＞300～500	103～156	370	190	150	85	
	35	正火	25	≤187	540	320	230	130	135～118
		正火	≤100	149～187	520	270	210	120	
		正火	＞100～300	143～187	500	260	205	115	
		调质	≤100	156～207	560	300	230	130	
		调质	＞100～300	156～207	540	280	220	125	
	45	正火	25	≤241	610	360	260	150	118～112
		正火	＞100～300	162～217	580	290	235	135	
		回火	＞300～500	162～217	560	280	225	130	
		回火	＞500～750	156～217	540	270	215	125	
		调质	≤200	217～255	650	360	270	155	

续表 3-5

材料		热处理方法	毛坯直径 d/mm	硬度（HBS）	主要机械性能（MPa）				C
类别	牌号				抗拉强度极限 σ_b	屈服极限 σ_s	弯曲疲劳极限 σ_{-1}	剪切疲劳极限 τ_{-1}	
合金钢	40Cr	调质	25		1000	800	485	280	106～97
			≤100	241～286	750	550	350	300	
			>100～300	241～286	700	500	320	185	
			>300～500	229～269	650	450	295	170	
	35SiMn（42SiMn）	调质	≤100	229～286	800	520	400	205	
			>100～300	219～269	750	450	350	185	
	40MnB	调质	25	207	1000	800	485	280	
			≤200	241～286	750	500	335	195	
			≤60		650	400	280	160	

注：当作用在轴上的弯矩比转矩小或只受转矩时，C 取较小值，否则 C 取较大值。

（2）初步计算轴的直径

轴的设计不同于一般零件的设计计算。对于既受扭矩又受弯矩作用的转轴，在轴的结构设计未进行前，则轴的跨度（轴的支承位置）和轴上零件的位置均未确定，因此就无法作出轴的弯矩图并确定其危险截面，也就不能进行弯、扭组合变形下的强度计算。然而，在轴的结构设计时，需要初定轴端直径时又不能毫无根据，而必须以强度计算为基础才能进行。可见，轴的强度设计和结构设计互相依赖、互为前提。在工程上也时常会遇到这种类似情况。

解决上述问题的办法是：先不考虑弯矩（未知）对轴强度的影响，而只考虑扭矩（已知）的作用，即按纯扭转时的强度条件来估算轴的直径，并作为轴的最小直径，通常为轴端直径。至于弯矩对轴强度的影响，可以从以下两方面给予考虑：① 降低扭转强度计算时材料的许用切应力 $[\tau]$ 的值；② 为了结构设计的需要，各轴段的直径都要在轴端最小直径的基础上逐渐加粗，也可以抵消弯矩对轴强度的影响。

在初估轴径的基础上，就可进行轴的结构设计，定出支承位置和轴上零件的位置，得出受力点，作出弯矩图，于是可进行弯、扭同时作用下的强度校核。

下面就按扭矩来初估轴的直径，根据圆轴扭转时的强度条件可得：

$$\tau = \frac{T}{W_T} \approx \frac{9.55 \times 10^6 \dfrac{P}{n}}{0.2d^3} \leqslant [\tau]\ \text{MPa}$$

式中：τ、$[\tau]$ 为轴的扭转切应力和许用扭转切应力（MPa）；T 为轴所传递的转矩（N·mm）；W_T 为轴的抗扭截面系数（mm^3）；P 为轴所传递的功率（kW）；n 为轴的转速（r/min）；d 为轴的估算直径（mm）。

由上式可得轴的设计计算公式：

$$d \geqslant \sqrt[3]{\frac{9.55 \times 10^6}{0.2[\tau]}} \cdot \sqrt[3]{\frac{P}{n}} = C\sqrt[3]{\frac{P}{n}}\ \text{mm} \tag{3-1}$$

式中：$C=\sqrt[3]{\dfrac{9.55\times10^{6}}{0.2[\tau]}}$，$C$ 为由轴的材料和承载情况确定的常数，其值由表 3-5 查取。

当该段轴的剖面上开有键槽时，应增大轴径以考虑键槽对轴的强度的削弱。一般在有一个键槽时，轴径应增大 3%～5%；有两个键槽时，应增大 7%～10%。最后应将计算出的轴径圆整为标准直径。当该轴段与滚动轴承、联轴器、V 带轮等标准零、部件装配时，其轴径必须与标准零、部件相应的孔径系列取得一致。

（3）轴的结构设计

轴的结构设计就是在强度计算（求得轴端直径）的基础上，合理地定出轴的各部分的结构形状和尺寸。影响轴结构的因素很多，设计时应针对不同情况具体分析。但轴的结构设计原则上应满足如下要求：

① 轴上零件有准确的位置和可靠的相对固定。

② 良好的制造和安装工艺性。

③ 形状、尺寸应有利于减少应力集中。

a. 轴上零件的布置

轴的结构应考虑合理布置轴上零件的要求。轴上零件布置合理，可以改善轴的受力情况，提高轴的强度、刚度。如图 3-11 所示为轴上两种不同布置方式，在传递相同的动力时，图 3-11（a）中的轴所受的最大扭矩为 T_1+T_2。而采用图 3-11（b）布置时（输入轮在中间），轴受到的最大扭矩仅为 T_1，因此两者所需的轴径和轴的结构也不同。

同理，对于中间传动轴（属简支梁），其轴上传动零件应尽量采取对称布置；对于动力输入轴和输出轴（属外伸梁），其外伸端的传动零件应尽量靠近轴承布置，以减少外伸长度；对于同一轴上多个零件受到轴向力作用时，应使轴向力相反，互相抵消。

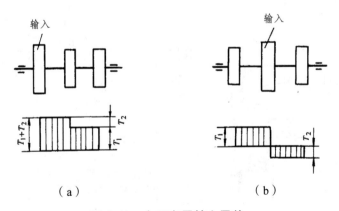

（a）　　　　　　　　　　　（b）

图 3-11　合理布置轴上零件

b. 轴上零件的定位和固定

轴上零件的定位是为了保证传动件在轴上有准确的安装位置；固定则是为了保证轴上零件在运转中保持原位不变。作为轴的具体结构，既起定位作用又起固定作用。

① 轴上零件的轴向定位和固定。为了防止零件的轴向移动，通常采用下列结构形式以

实现轴向固定：轴肩、轴环、套筒、圆螺母和止退垫圈、弹性挡圈、螺钉锁紧挡圈、轴端挡圈以及圆锥面和轴端挡圈等，其特点及应用见表 3-6。

　　② 轴上零件的周向定位。周向定位的目的是为了限制轴上零件相对于轴的转动，以满足机器传递扭矩和运动的要求。常用的周向定位方法有销、键、花键、过盈配合和成形连接等，其中以键和花键连接应用最广。

表 3-6　轴上零件的轴向固定方法

轴向固定方法	结 构 简 图	特点及应用	设计注意要点
轴肩与轴环	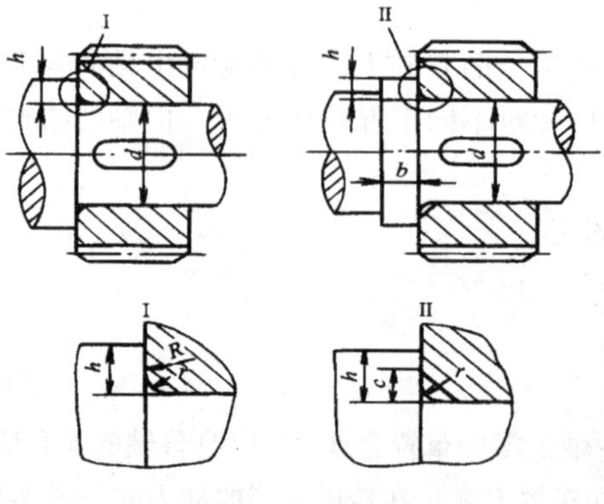	结构简单，定位可靠，不需附加零件，能承受较大的轴向力。应用于轴向力较大，且不致过多地增加轴的阶梯数的场合　　使用轴肩实现轴向定位会使轴的直径加大，且在轴肩处会因剖面的突变而引起应力集中，轴肩过多也将不利于加工	图中 h 为轴肩定位高度，一般取 $(0.07 \sim 0.1)d$，轴环 $b = 1.4h$　　为便于滚动轴承的装拆，滚动轴承定位轴肩的高度必须低于轴承内圈端面的高度，其值详见《机械设计手册》　　非定位轴肩的高度无严格规定，一般取 $1.5 \sim 2\ mm$
套筒	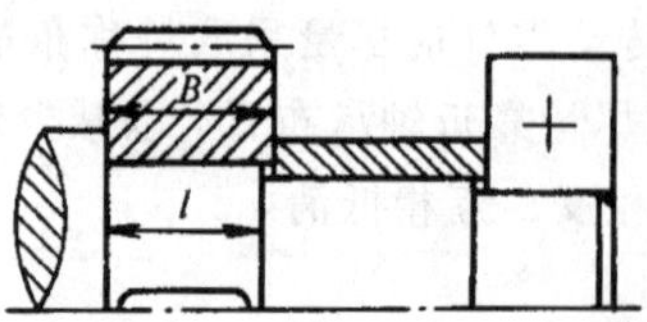	减少轴肩，避免了轴的直径增大，简化了轴的结构，减小了轴的应力集中，但增加了零件数目　　应用于轴上两零件相近时的轴向固定　　不宜用于高速轴上的零件的轴向固定	套筒与轴的配合较松；轴段长度 l 应小于零件的宽度 b　　为便于滚动轴承的装拆，用于滚动轴承内圈轴向定位的套筒的外径应低于滚动轴承内圈
轴承端盖	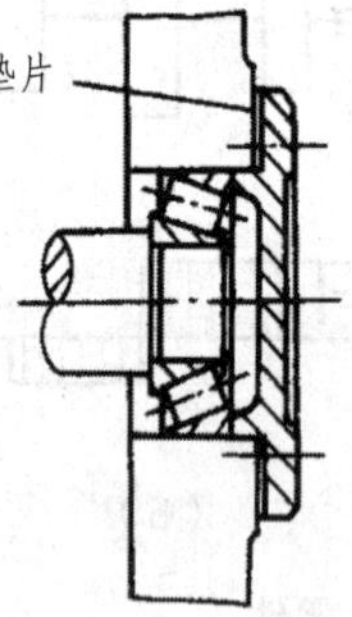	轴承端盖用螺钉或榫槽与箱体连接而使滚动轴承的外圈实现轴向固定　　一般情况下，整个轴的轴向固定常用轴承端盖来实现	参见《机械设计手册》
轴端挡圈	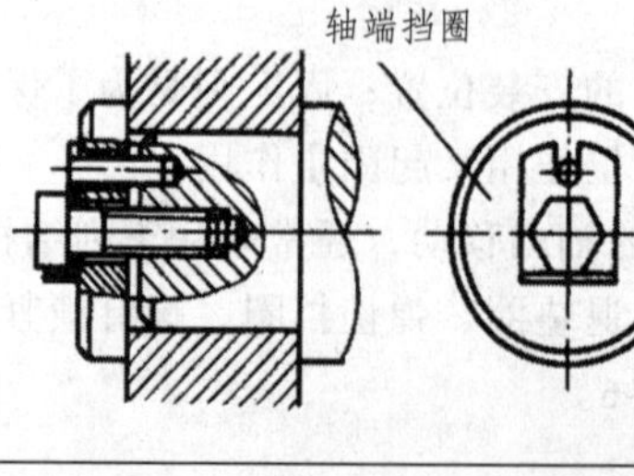	工作可靠，能承受较大的轴向力，应用广泛　　螺栓紧固轴端挡圈的结构尺寸见 GB/T892—1986(单孔)及 JB/ZQ4349—1986(双孔)	只应用于轴端　　应采用止动垫片等防松措施

续表 3-6

轴向固定方法	结 构 简 图	特点及应用	设计注意要点
圆锥面		轴上零件装拆方便，能消除轴与轴毂间的径向间隙，且可兼作周向固定，能承受冲击载荷 多应用于轴上零件与轴的对中性要求较高或高速、受震动的场合。圆锥形轴见GB/T1570—1990	只应用于轴端 圆锥面轴端只能实现轴上零件的单向固定，因此常与轴端挡圈联合使用，以实现轴上零件的双向固定
圆螺母	圆螺母　止动垫圈	固定可靠，可承受较大的轴向力。能实现轴上零件的间隙调整 在切螺纹处有很大的应力集中，降低了轴的疲劳强度 应用于轴上两零件距离较大处或轴端零件的轴向固定	宜采用细牙螺纹，以减小切制螺纹后对轴的强度的削弱 为防止松动，需加止动垫圈或使用双螺母
弹性挡圈	弹性挡圈	结构简单、紧凑，装拆方便，但轴上切槽处的轴段应力集中较大，当切槽处位于受载荷轴段时，轴的强度削弱严重 受轴向力较小 常用于滚动轴承的轴向定位	通常与轴肩联合使用 轴上所开槽的精度要高
紧定螺钉与锁紧挡圈	紧定螺钉　　锁紧挡圈	结构简单，受力较小 轴向力较小时使用 不宜用于高速轴的轴上零件的固定。 紧定螺钉用孔的结构尺寸见 GB/T71—1985	

（4）轴的结构工艺性

① 轴的形状应力求简单，以便于加工和检验。为了装配和定位方便，一般采用阶梯轴，但应做到在满足装配要求的前提下，阶梯数应尽可能少。若轴上阶梯数过多，加工时对刀、调整或更换刃、量具的次数将会增加，同时也会使轴上的应力集中增多。

② 轴上某一段需要车削螺纹时，其直径应符合螺纹标准。在车削螺纹或磨削加工时，应留有退刀槽（见图3-12）或砂轮越程槽（见图3-13）。

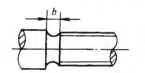

图 3-12　螺纹退刀槽

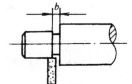

图 3-13　砂轮越程槽

③ 阶梯轴上的轴肩处若装有零件，为了保证零件能紧贴轴肩端面，轴肩处的过渡圆角半径 r 应小于零件的圆角半径 R 或倒角 c。配合表面处的圆角半径或倒角尺寸应符合标准。

④ 在不同轴段开设键槽时，应使各键槽沿轴的同一母线布置。在同一轴段开设几个键槽时，各键槽应对称布置。

⑤ 轴端应有倒角，以利于装配时的对中和避免轴端擦伤装配零件的孔壁。轴端倒角一般为 45°（见图 3-14）。有较大过盈配合处的压入端应加工出半锥面为 10° 或 30° 的导向锥面（见图 3-15）。

图 3-14 倒角   图 3-15 锥角

⑥ 轴上直径相近处的圆角、倒角、退刀槽、越程槽和键槽尺寸应尽量相同，以减少加工时刃、量具的数量和节约换刀时间。

（5）确定各轴段的长度

上面由扭转强度确定了轴段直径（最小直径）；又根据结构要求，确定了需要的定位轴肩和装配轴肩（非定位轴肩）及其相应的轴肩高度。实际上也是确定了各轴段的直径。而确定各轴段的长度主要依据以下几点：

① 对于装有传动件、轴承、联轴器等的轴段，其长度主要取决于轴上零件的轮毂长度。

② 机器工作时，各零件间不能发生干涉（相碰），为此，相对运动的零件间隙应留有必要的空隙。

③ 在机器的装拆过程中，要保证零件、工具和操作者所需的必要活动空间。

【任务实施】

1. 工具及材料准备

本任务所需工具及材料见表 3-7。

表 3-7 组装单级齿轮减速器的材料

序 号	名 称	数 量	备 注
1	单级直齿圆柱齿轮变速箱	1 台	用于课堂演示
2	轴系组合试验箱	1 套	用于课堂演示
2	机械设计手册（第 5 版）	1 本	查设计参数
3	计算器	1 个	计算轴的相关尺寸

2. 选择轴的材料

由"任务描述"可知，该轴为单级直齿圆柱齿轮的主动轴，功率较小，转速较低，无其他特殊要求，因而选用经过调质处理的 45# 钢即可满足强度要求。由表 3-5 可知，$\sigma_b = 650$ MPa。

3. 初步估算轴的直径

按扭转强度估算最小轴径，由式（3-1）和表3-5可得：

$$d \geq C\sqrt[3]{\frac{P}{n}} = (118 \sim 112) \times \sqrt[3]{\frac{3}{500}} \text{ mm} = 21.44 \sim 20.35 \text{ mm}$$

考虑到与轴配合的滚动轴承的内径为标准值，故取 $d = 25$ mm。

4. 轴的结构设计

（1）轴上零件的轴向定位

主动齿轮的一端靠轴肩定位，另一端靠套筒定位，装拆、传力均较方便。

两端轴承常采用同一尺寸，以便于购买、加工、安装和维修；在估算轴径时，已知滚动轴承的内径为 25 mm，又已知为直齿圆柱齿轮，无轴向受力，因此选择深沟球轴承，型号为 6205。

为便于装拆轴承，轴承处套筒高度不宜太高，其最大高度不应高于滚动轴承的内圈高度，其高度的最大值可从轴承标准中查得。

（2）轴上零件的周向定位

齿轮与轴的周向定位均采用平键连接及过渡配合，根据设计手册，键剖面尺寸为 $b \times h = 10 \times 8$，配合均用 H7/k6；滚动轴承内圈与轴的配合采用基孔制，轴的配合为 k6。

（3）确定各段轴径和长度

轴径：从左端轴承向右取 $\phi 25 \rightarrow \phi 30 \rightarrow \phi 35 \rightarrow \phi 42 \rightarrow \phi 30 \rightarrow \phi 25$。

轴长：取决于轴上零件的宽度和它们的相对位置。因为是直齿，故选用一对深沟球轴承，由轴承内径 25 mm，查手册选用 6205 轴承，其宽度为 17 mm，齿轮端面到箱壁间的距离取 10 mm，两齿轮之间的距离亦为 10 mm，考虑轴承采用脂润滑，取轴承与箱内边距为 10 mm，且轴上设置挡油环；为保证齿轮定位可靠，与齿轮配合的轴段长度应比齿轮宽度小 2 mm 左右。最后画出轴的装配长度。各段长度见图 3-16。

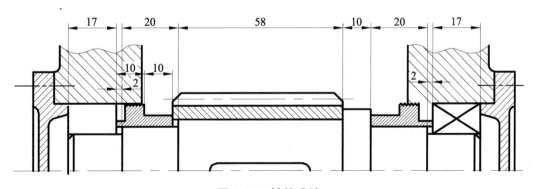

图 3-16　轴的设计

（4）考虑轴的结构工艺性

在轴的左端与右端均制成 $2 \times 45°$ 倒角，为便于加工，两齿轮处的键槽布置在同一母线上，并取同一剖面尺寸。

【综合练习】

　　试设计图 3-17 所示的二级直齿圆柱齿轮减速器的中间轴，绘出轴的结构图。已知中间轴传递的功率 $P_{II} = 2.65$ kW，转速 $n = 320$ r/min，轴上大齿轮的分度圆直径 $d_2 = 148$ mm，齿宽 $b_2 = 45$ mm，小齿轮的分度圆直径 $d_3 = 55$ mm，齿宽 $b_3 = 60$ mm。

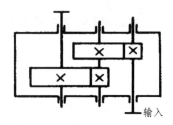

图 3-17　减速器轴系简图

任务 2　轴系零件的组装

【任务目标】

　① 会选择相应的轴系零件。

　② 会进行轴承的固定。

　③ 会按照正确的顺序进行轴系的组装。

　④ 会画轴系装配图。

【任务描述】

　　在任务 1 的基础上，进行轴系的组装，增强学生对轴系的认识。给出单级直齿圆柱齿轮的轴系零件装配图，如图 3-18 所示，选择装配图上的各个零件，按照顺序进行装配，装配完成后，根据尺寸画出轴系的装配图。

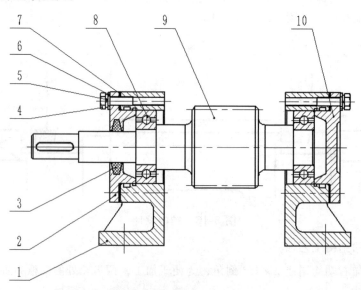

图 3-18　轴系装配图

【相关知识】

2.1 滚动轴承的调整

滚动轴承的配合是指轴承内圈与轴颈、外圈与座孔之间的配合。因滚动轴承是标准件,因此轴承内圈与轴颈的配合采用基孔制,外圈与座孔的配合采用基轴制。选择轴承的配合时,应考虑载荷的大小和性质、转速高低、旋转精度和装拆方便等因素。一般情况是内圈随轴一起转动,外圈固定不动。故内圈一般采用较紧的配合;而外圈采用较松的配合。转速愈高,载荷和振动愈大,旋转精度愈高时,采用的配合较紧。当轴承作游动支承时,外圈与座孔的配合较松。对于需要经常拆装或因使用寿命较短而须经常更换的轴承,可采取较松的配合。滚动轴承与轴和外壳孔配合的常用公差带见图3-19。需要说明的是,滚动轴承的内孔虽然视为基准孔,但其公差带却在零线以下,而一般圆柱基准孔的公差带则在零线以上,因此轴承内孔与轴的配合比一般圆柱体基孔制的同名配合要紧得多。

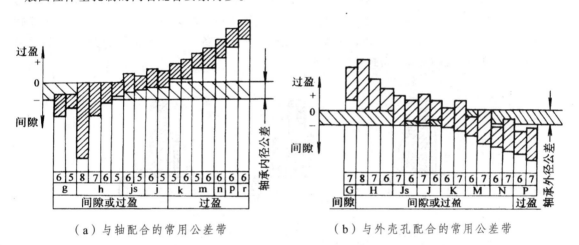

（a）与轴配合的常用公差带　　　　（b）与外壳孔配合的常用公差带

图 3-19　滚动轴承与轴和外壳孔配合的常用公差带

滚动轴承的装拆应方便。在装拆时注意不要通过滚动体来传递装拆压力,以免损伤轴承。由于轴承的内圈与轴颈配合较紧,对于小尺寸的轴承,一般可用压力直接将轴承的内圈压入轴颈,对于尺寸较大的轴承,可先将轴承放在温度为 80 ~ 100 ℃ 的热油中加热,使内孔胀大,然后用压力机装在轴颈上。轴承内圈的拆卸常用拆卸器进行（见图 3-20）,为便于拆卸,应留有足够的拆卸高度,因此设计时轴肩高度不能大于内圈高度。

图 3-20　内圈的拆卸

2.2 滚动轴承的润滑与密封

滚动轴承润滑的目的是降低摩擦及减少磨损,同时也起冷却、防锈、吸振和减少噪声等作用。轴承常用的润滑剂有润滑油和润滑脂。润滑脂不易渗漏,不需经常添加,便于密封,维护保养也较方便,且一次填充后可以运转较长时间,适用于轴颈圆周速度 $v < 4 ~ 5$ m/s 的场合。油润滑比脂润滑摩擦阻力小,并能散热,主要用于高速或工作温度高的轴承。轴承载荷大、温

度高时应采用黏度大的润滑油。润滑方式主要有滴油润滑、浸油润滑、溅油润滑与压力喷油润滑等，润滑方式由轴承的速度参数 dn（d 为轴承内径，mm；n 为轴承转速，r/min）参阅有关资料选用，dn 值大时宜选用低黏度油。

　　滚动轴承密封的目的是防止外界灰尘、水分等侵入轴承以及防止润滑剂的流失。常用的密封装置可分为接触式和非接触式两大类。接触式密封装置利用毛毡圈［见图 3-21（a）］或密封圈［见图 3-21（b）］等弹性材料与轴的紧密摩擦接触实现密封。前者主要用于密封处速度 $v \leqslant 3 \sim 5$ m/s 的场合；后者所用密封圈是标准件，借本身弹性压紧在轴上，适用于密封处速度 $v < 10$ m/s 的脂润滑和油润滑。接触式密封在接触处有较大摩擦，密封件易磨损，限制了使用速度，对与密封件接触的轴段的硬度、表面粗糙度均有较高的要求。非接触密封则避免了轴段与密封件的直接接触，适用于较高转速。常用的有间隙密封［见图 3-21（c）］和迷宫密封［见图 3-21（d）］。前者利用轴和轴承盖孔之间细小的圈形缝隙来密封，为了防止杂质的侵入，圈形缝隙内应注满润滑脂。其结构简单，适用于密封处 $v < 5 \sim 6$ m/s 的脂润滑或低速的油润滑；后者是旋转件与固定件之间制成迂回曲折的小缝隙，使用时亦可在缝隙内填装润滑脂，可用于密封油润滑或脂润滑，密封处速度 v 可达到 30 m/s，但其结构复杂。机械设备中有时还常将几种密封装置适当组合使用［见图 3-21（e）］，密封效果更好。

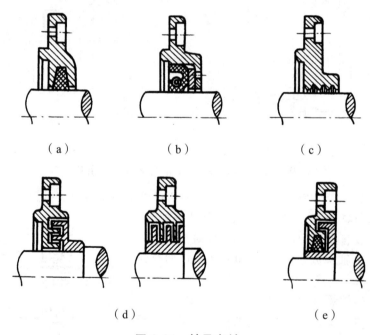

（a）　　　　　　　　（b）　　　　　　　　（c）

（d）　　　　　　　　　　　　（e）

图 3-21　轴承密封

【任务实施】

1. 工具及材料准备

　　本任务所需工具包括：轴系结构设计试验箱 1 套、游标卡尺 1 把、安装锤 1 个、十字和一字螺丝刀 1 套。具体所需材料如表 3-8 所示。

表 3-8 组装轴系所需材料

序号	名 称	图 示	规 格	数 量	备 注
1	轴承座		FZX.0.1	2	
2	轴承透盖		FZX.0-2	1	
3	毡圈 22		FJ145-79	1	
4	六角头螺栓 M6×20		GB/T5781—2000	8	
5	标准型弹簧垫圈 6		GB93—1987	8	
6	平垫圈 6		GB95—2002	8	
7	石棉密封垫		FZX.0-18	2	
8	深沟球轴承 6205		GB/T276—1994	2	
9	圆柱直齿轮轴		FZX.0-1	1	
10	轴承闷盖		FZX.0-12	1	
11	呆扳手		8-10 14-17	各 1	
12	安装锤			1	
13	安装板			1 块	
14	固定螺栓 M8×30			4 个	

2. 组装轴系零件

（1）组装第 1 个轴承座

所需材料：安装板 1 块，轴承座 1 个，固定螺栓 2 个，平垫圈 2 个，M8 的螺母 2 个。

将固定螺栓放入安装板的卡槽内，将轴承座用固定螺栓连接，并旋紧固定，如图 3-22 所示。

（2）组装第 2 个支座

所需材料：轴承座 1 个，固定螺栓 2 个，平垫圈 2 个，M8 的螺母 2 个。

将固定螺栓放入安装板的卡槽内，将轴承座用固定螺栓连接，此处要注意，不要将轴承座固定，连接后，能够使轴承座顺着滑槽的方向左右移动，如图 3-23 所示。

图 3-22　固定一端轴承座　　　　　图 3-23　组装另一端轴承座

（3）组装齿轮轴和轴承

所需材料：滚动轴承 2 个，齿轮轴 1 根。

由于轴承与轴颈的连接为过盈连接，直接安装有困难。需要用安装锤轻轻敲击齿轮轴，让轴颈与轴承紧密配合，注意敲击时不要用力过猛，防止损坏轴承和齿轮轴，组装如图 3-24 所示。

（4）安装轴承闷盖并固定

所需材料：轴承闷盖，石棉密封垫 2 个，M6 的螺栓 2 个。

将闷盖安装在轴承座上，用螺栓固定，如图 3-25 所示。

图 3-24　组装齿轮轴和轴承　　　　　图 3-25　固定轴承闷盖

（5）安装轴承透盖并固定

所需材料：轴承透盖，石棉密封垫 2 个，M6 的螺栓 2 个。

将闷盖安装在轴承座上，用螺栓固定，如图 3-26 所示。

（6）固定轴承座

将固定螺栓用手旋紧，用安装锤沿滑槽方向轻轻敲击，使齿轮轴不左右攒动，然后用呆扳手将固定螺栓旋紧，如图 3-27 所示。

图 3-26　固定轴承端盖　　　　　图 3-27　固定轴承座

（7）安装轴承座上盖

安装两个轴承座的上盖，固定，如图 3-28 所示，完成轴系零件的安装。

图 3-28　按照轴承座上盖

3. 画轴系装配图

对零件列表，用游标卡尺测量各零件的尺寸，画出轴系零件装配图。

【综合练习】

利用轴系试验箱组装如图 3-29 所示齿轮轴。

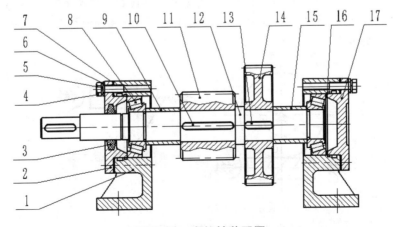

图 3-29　齿轮轴装配图

☆ 知识拓展

一、蜗杆传动

（一）蜗杆传动的特点

蜗杆传动主要由蜗杆蜗轮组成，用于传递空间两交错轴之间的运动和动力，如图 3-30 所示。通常两轴交错角为 90°，蜗杆为主动件，蜗轮是从动件。

与齿轮传动相比，蜗杆传动有如下特点：

① 传动比大，结构紧凑。一般传动比 $i = 10 \sim 40$，最大可达 80。若只传递运动（如分度运动），其传动比可达 1 000。

② 传动平稳。由于蜗杆齿是连续的螺旋齿，与蜗轮逐渐进入和退出啮合，同时啮合的齿数较多，故传动平稳，噪声小。

③ 具有自锁性。当蜗杆的导程角小于轮齿间的当量摩擦角时，可实现自锁。

④ 传动效率低。蜗杆传动由于齿面间相对滑动速度大，齿面摩擦严重，故在制造精度和传动比相同的条件下，蜗杆传动的效率比齿轮传动低，故不适于传递大功率。

⑤ 制造成本高。为减轻齿面的磨损及防止胶合，蜗轮齿圈常用贵重的铜合金制造，因此成本较高。

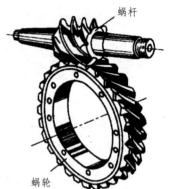

图 3-30　蜗杆传动

（二）蜗杆传动的运动分析和受力分析

1. 蜗杆传动的运动分析

在蜗杆传动中，蜗轮的转向取决于蜗杆的螺旋方向（蜗杆螺旋方向的判别方法与斜齿相同）与转动方向，以及它与蜗杆的相对位置，可按螺旋副的运动规律确定蜗轮的转动方向。如图 3-31（a）所示，若蜗杆右旋并按图示方向转动时，蜗轮顺时针方向转动。具体的判别方法为：当蜗杆为右（左）旋时，用右（左）手的四指按蜗杆的转动方向握住蜗杆，则蜗轮的接触点速度 v_2 与大拇指的指向相反，从而确定蜗轮的转向。

如图 3-31（b）所示，设 v_1 和 v_2 分别为蜗杆与蜗轮在节点 C 的圆周速度，由于 v_1 和 v_2 相互垂直，轮齿之间存在着很大的相对滑动速度 v_s。它对蜗杆传动的齿面润滑情况、失效形式以及发热和传动效率都有很大的影响。

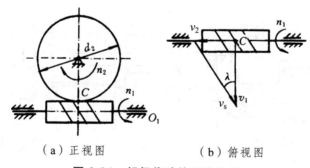

（a）正视图　　　（b）俯视图

图 3-31　蜗杆传动的运动分析

2. 蜗杆传动的受力分析

蜗杆传动的受力分析与斜齿圆柱齿轮传动相似，作用在啮合齿面间的法向力 F_n 可分解为三个互相垂直的分力，即圆周力 F_t、径向力 F_r 和轴向力 F_a，如图 3-32 所示。由于蜗轮轴与蜗杆轴之间的交角为 90°，蜗杆的圆周力 F_{t1} 与蜗轮的轴向力 F_{a2}，蜗杆的轴向力 F_{a1} 与蜗轮的圆周力 F_{t2}，蜗杆的径向力 F_{r1} 与蜗轮的径向力 F_{r2} 分别大小相等，方向相反。若略去摩擦力，则由图 3-32 可得：

$$F_{t1} = F_{a2} = \frac{2T_1}{d_1}, \qquad F_{a1} = F_{t2} = \frac{2T_2}{d_2}, \qquad F_{r1} = F_{r2} = F_{t2}\tan\alpha$$

式中：T_1、T_2 分别为蜗杆及蜗轮上的转矩（N·mm），$T_2 = T_1 i \eta_1$，i 为传动比，η_1 为蜗杆与蜗轮的啮合效率，d_1、d_2 分别为蜗杆及蜗轮的分度圆直径（mm）。

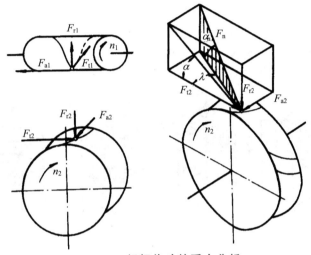

图 3-32　蜗杆传动的受力分析

（三）蜗杆传动的材料、结构及散热措施

1. 蜗杆和蜗轮的常用材料

在蜗杆传动中，轮齿的失效形式与齿轮相似，也有点蚀、胶合、磨损和折断等形式，但因蜗杆传动的齿面间有很大的相对滑动速度，其主要失效形式为胶合和磨损。基于这一特点，在选择蜗轮副的材料组合时，要求具有良好的减摩性和胶合性能。因此，常采用青铜制作蜗轮的齿圈，淬火钢制作蜗杆。

常用的蜗轮材料有：

① 铸造锡青铜，如 ZCuSnlOPb1，它的减摩性、耐磨性好，抗胶合能力强；但强度较低，价格较贵，允许的滑动速度可达 25 m/s；当滑动速度 $v_s < 12$ m/s 时，可采用含锡量较低的铸造锡青铜 ZCuSn5Pb5Zn5。

② 铸造铝铁青铜，如 ZCuALlOFe3，其强度比锡青铜高，价格便宜；但减摩性、耐磨性和抗胶合能力比铸造锡青铜差，一般用于 $v_s \leqslant 4$m/s 的传动。

③ 灰铸铁，用于 $v_s < 2$ m/s 的低速轻载或手动传动中。

蜗杆一般用碳钢或合金钢制造。高速重载且载荷变化较大的条件下，常采用 2OCr、2OCrMnTi 等，经渗碳淬火，齿面硬度为 58～63HRC；高速重载且载荷稳定的条件下常采用 45、4OCr 等，经表面淬火，齿面硬度为 45～55HRC；对于不重要的传动及低速中载蜗杆，可采用 45 钢调质，齿面硬度为 220～250HBS。

2. 蜗杆和蜗轮的结构

蜗杆通常与轴做成一体，称为蜗杆轴，如图 3-33 所示。

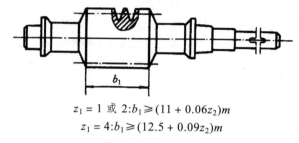

$$z_1 = 1 \text{ 或 } 2 : b_1 \geqslant (11 + 0.06z_2)m$$
$$z_1 = 4 : b_1 \geqslant (12.5 + 0.09z_2)m$$

图 3-33　蜗杆轴

蜗轮可以做成整体的［见图 3-34（a）］，对于尺寸较大的青铜蜗轮，为节约贵重的有色金属，常采用组合式结构，齿圈用青铜制造，轮芯用铸铁或钢制造，用过盈配合连接［见图 3-34（b）］或螺栓连接［见图 3-34（c）］，也可以将青铜齿圈浇铸在铸铁轮芯上［见图 3-34（d）］。

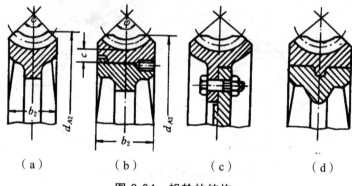

（a）　　　　　（b）　　　　　（c）　　　　　（d）

图 3-34　蜗轮的结构

3. 蜗杆传动的散热

蜗杆传动的效率低，发热量较大。对闭式长时间连续传动需进行热平衡计算。若散热条件不良，会引起箱体内油温过高使润滑失效而导致胶合。常用的散热措施有：① 在箱体上增设散热片以增大散热面积；② 在蜗杆轴上装风扇［见图 3-35（a）］；③ 在箱体油池内装蛇形冷却管［见图 3-35（b）］；④ 用循环油冷却［见图 3-35（c）］。

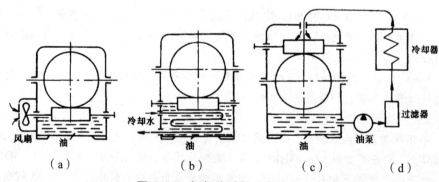

（a）　　　　　　（b）　　　　　　（c）　　　　（d）

图 3-35　蜗杆传动的散热方法

二、滑动轴承

滑动轴承（液体润滑滑动轴承除外）与滚动轴承相比，虽然有摩擦系数小、效率低、启动欠灵活等缺点，但它的承载能力大、抗震性好、耐冲击、噪声小、径向尺寸小、寿命长，又可制成剖分式，使轴的结构简单、制造容易、成本较低，因而在汽轮机、内燃机、大型电机、仪表、机床、航空发动机等机械上被广泛应用。此外，在低速、伴有冲击的机械中，如水泥搅拌机、破碎机等也常采用滑动轴承。

滑动轴承按受载方向可分为受径向载荷的径向轴承和受轴向载荷的推力轴承；按摩擦（润滑）状态可分为液体摩擦（润滑）轴承和非液体摩擦（润滑）轴承（见图 3-36）。

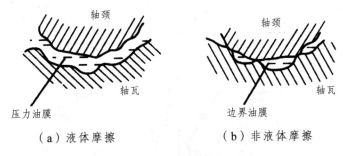

（a）液体摩擦　　　　　　（b）非液体摩擦

图 3-36　摩擦状态

① 液体摩擦轴承（完全液体润滑轴承）。其原理是：在轴颈与轴瓦的摩擦面间有充足的润滑油，润滑油的厚度较大，将轴颈和轴瓦表面完全隔开［见图 3-36（a）］。因而摩擦系数很小，一般摩擦系数为 0.001～0.008。由于始终能保持稳定的液体润滑状态。这种轴承适用于高速、高精度和重载等场合。

② 非液体摩擦轴承 （不完全液体润滑轴承）。轴颈与轴瓦表面间虽有润滑油，但若未能将接触表面完全隔开，仍有局部的波峰接触时［见图 3-36（b）］，这种轴承称为非液体摩擦轴承。其摩擦系数较大，一般摩擦系数为 0.05～0.5。如果润滑油完全流失，将会出现剧烈摩擦、磨损，甚至发生胶合破坏。

（一）滑动轴承的结构

滑动轴承一般由轴承座、轴瓦、润滑装置和密封装置等部分组成。

1. 径向滑动轴承

（1）整体式滑动轴承。

图 3-37 所示为整体式滑动轴承。轴承座用螺栓与机座连接，顶部装有润滑油杯，内孔中压入带有油沟的轴套。

这种轴承的结构简单且成本低，但装拆这种轴承时轴或轴承必须做轴向移动，而且轴承磨损后径向间隙无法调整。因此这种轴承多用在间歇工作、低速轻载的简单机械中，其结构尺寸已标准化。

（2）剖分式滑动轴承。

图 3-38 所示为剖分式滑动轴承。轴瓦和轴承座均为剖分式结构，在轴承盖与轴承座的剖分面上制有阶梯形定位止口，便于安装时对心。轴瓦直接支承轴颈，因而轴承盖应适度压紧轴瓦以使轴瓦不能在轴承孔中转动。轴承盖上制有螺纹孔，以便安装油杯或油管。

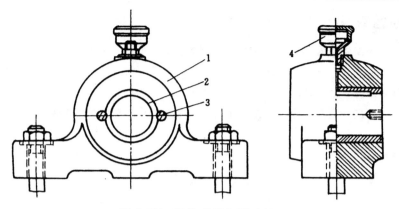

图 3-37　整体式径向滑动轴承

1—轴承座；2—轴套；3—骑缝螺钉；4—油杯

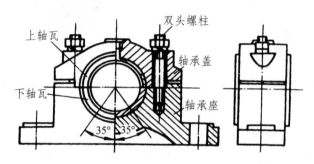

图 3-38　剖分式滑动轴承

　　剖分式滑动轴承克服了整体式轴承装拆不便的缺点，而且当轴瓦工作面磨损后，适当减薄剖分面间的垫片并进行刮瓦，就可调整轴颈与轴瓦间的间隙。因此这种轴承得到了广泛应用并且已经标准化。

2. 推力滑动轴承

　　推力滑动轴承用于承受轴向载荷，且能防止轴的轴向移动。常见的推力轴颈形状如图 3-39 所示。可分为三种形式：

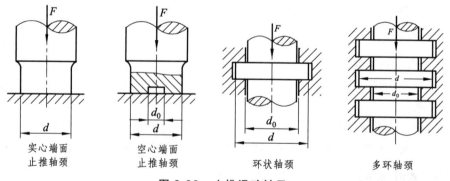

图 3-39　止推滑动轴承

　　① 实心止推滑动轴承，由于工作时轴心与边缘磨损不均匀，轴颈端面的中部压强比边缘大，润滑油不易进入，润滑条件差，极少采用。

② 空心止推滑动轴承，轴颈端面的中空部分能存油，压强也比较均匀，承载能力不大。

③ 多环止推滑动轴承，压强较均匀，能承受较大载荷，还能承受双向轴向载荷，但各环承载不等，环数不能太多。

（二）轴瓦的结构和滑动轴承的材料

轴瓦是滑动轴承中直接与轴颈接触的零件。由于轴瓦与轴颈的工作表面之间具有一定的相对滑动速度，因而从摩擦、磨损、润滑和导热等方面都对轴瓦的结构和材料提出了要求。

1. 轴瓦的结构

轴瓦的结构分为整体式（轴套）和对开式两种结构。对开式轴瓦有承载区和非承载区，一般载荷向下，故上瓦为非承载区，下瓦为承载区。润滑油应由非承载区进入，故上瓦顶部开有进油孔。在轴瓦内表面，以进油口为对称位置，沿轴向、周向或斜向开有油沟，油经油沟分布到各个轴颈。油沟离轴瓦两端面应有段距离，不能开通，以减少端部泄油，见图3-40。

轴瓦可以用同一种材料制成，也可以用双层或三层金属加工成的复合材料制成，以便节约贵重金属和改善表面的摩擦性质。轴瓦内层合金部分称为轴承衬，为了使轴承衬与轴瓦结合牢固，可在轴瓦内表面开设一些沟槽。图3-40是轴瓦的基本结构。图（a）是整体式轴瓦，用同一种材料制成；图（b）是用同一种材料制成的剖分式轴瓦；图（c）是用双层金属复合材料制成的剖分式轴瓦。

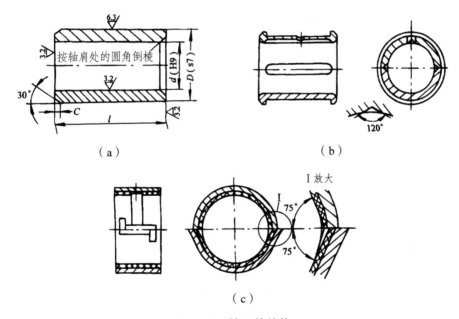

（a）

（b）

（c）

图3-40 轴瓦的结构

2. 滑动轴承的材料

滑动轴承的材料是指轴瓦和轴承衬的材料。

滑动轴承的主要失效形式是磨损和因强度不足而出现的疲劳破坏。对于双层和三层金属轴瓦，失效主要是指工艺原因而出现的轴承衬的脱落。

对轴瓦材料的主要要求：① 摩擦系数小；② 耐磨、抗腐蚀、抗胶合能力强；③ 有足够的强度和塑性；④导热性好，热膨胀系数小。

常用的滑动轴承材料主要有以下几类：

① 轴承合金（又称巴氏合金、白合金） 它是以锡或铅作为软基体，加入锑锡或铜锡而组成的合金，分别称为锡基轴承合金或铅基轴承合金。轴承合金具有良好的减摩性、耐磨性、顺应性、嵌藏性和跑合性，但机械强度较低，价格高，因此，常用作轴承衬材料浇铸在青铜、铸铁或软钢轴瓦基体上。多用于中、高速和重载场合。

② 铜合金 铜合金是传统的轴承材料，它具有较高的强度和较好的减摩性、耐磨性，可分为青铜和黄铜两类。青铜轴瓦的减摩性和耐磨性较黄铜轴瓦好。常用的锡青铜强度高且减摩性和耐磨性最好，顺应性、跑合性和嵌入性较轴承合金差，适用于中速、重载的场合。铅青铜有较好的抗胶合和冲击的能力，适用于高速、重载的场合。铝青铜是铜合金中强度最高的轴瓦材料，其硬度也较高，但顺应性和抗胶合的能力较差，适用于低速、重载的场合。铸造黄铜减摩性较青铜差，一般用于低速的场合。

③ 粉末冶金材料。它是由铜、铁等金属粉末与石墨混合后经压制、烧结而成的多孔隙轴承材料。用这类材料制造的轴承称为粉末冶金含油轴承，它是利用材料的多孔特性，在轴承安装、使用前，使润滑油浸润轴瓦材料，轴承在工作期间可以不加或较长时间不加润滑油。这种材料的轴承适用于不便经常加油的中低速、轻载的场合。

④ 非金属材料。非金属轴承材料有塑料、橡胶、碳－石墨、硬木等，其中应用最多的是各种塑料。

（三）润滑剂和润滑装置

1. 润滑剂及其选择

润滑剂的作用是减少摩擦损失、减轻工作表面的磨损、冷却和吸振等，因此，应该尽可能使润滑剂充满摩擦面间。常用的润滑剂是液体的，称为润滑油；其次是半固体的，在常温下呈油膏状，称为润滑脂。

润滑油是最主要的润滑剂。润滑油最重要的物理性能是黏度。表征液体流动的内摩擦性能。它是液体流动时内摩擦阻力的量度。润滑油的黏度愈大，内摩擦阻力愈大，润滑油的流动性愈差，因此，在压力作用下，油不易被挤出，易形成油膜，承载能力强；但摩擦系数大、效率较低。黏度随温度的升高而降低。

润滑油的另一物理性能是油性。油性是指润滑油在金属表面上的吸附能力。在非液体摩擦轴承中，润滑油的油性对防止金属磨损起着主要作用。

选择润滑油的品种时，以黏度为主要指标，原则上是当转速高、载荷小时，可选黏度较低的油；反之，当转速低、载荷大时，则选黏度较高的油。

润滑脂是用矿物油、各种稠化剂（如钙、钠、锂、铝等金属皂）和水调制成的。通常用针入度（稠度）、滴点及耐水性来衡量润滑脂的特性。针入度是指用一特制锥形针在 5 s 内刺入润滑脂内的深度，借以衡量其稠密程度。它标志着润滑脂内阻力的大小和受力后流动性的强弱。滴点是指温度升高时，润滑脂第一滴掉下时的温度，借以衡量其耐热性。耐水性是指润滑脂与水接触时，其特性的保持程度。润滑脂多用在低速及重载或摆动的轴承中。

2. 润滑装置及润滑方法

为了获得良好的润滑效果，除应正确地选择润滑剂外，还应选用合适的润滑方法和润滑装置。

通常可根据轴承的载荷系数 k 值来确定，其经验公式如下：

$$k = \sqrt{pv^3} = \sqrt{\frac{F}{Bd}v^3}$$

式中：p 为轴承的压强（MPa）；v 为轴颈的圆周速度（m/s）；F 为轴承的载荷（N）；d 为轴承的直径（mm）；B 为轴承的宽度（mm）。

k 值愈大，表示轴承的载荷愈大，速度愈高，则发热量愈多、磨损愈快，因此相应的润滑要求也愈高。不同 k 值时推荐的润滑方法和润滑装置见表 3-9。

表 3-9　滑动轴承润滑方法的选择

载荷系数 k	润滑剂	润滑方法	润滑装置	适用场合
$k \leqslant 2$	润滑脂	手工供脂间断润滑	旋盖式油杯，见图 3-41	低速轻载不重要的滑动轴承
	润滑油	手工供油间断润滑	压配式压注油杯，见图 3-42	
$k = 2 \sim 16$	润滑油	滴油润滑	针阀式注油杯，见图 3-43	中低速、轻中载轴承
$k = 16 \sim 32$	润滑油	油环润滑	油环，见图 3-44	中速、中载轴承
	润滑油	飞溅润滑	依靠运动件飞溅	
	润滑油	压力循环润滑	油泵供油系统	
$k > 32$	润滑油	压力循环润滑	油泵供油系统	高速、重载的重要轴承

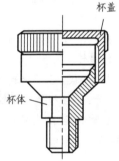

图 3-41　旋盖式油杯

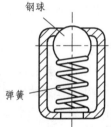

图 3-42　压配式压注油杯

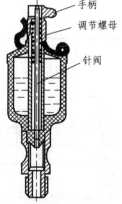

图 3-43　针阀式注油杯

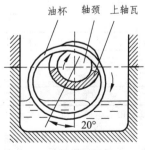

图 3-44　油环润滑

三、联轴器

（一）联轴器的功用、类型

联轴器所连接的两轴，由于制造及安装误差、承载后的变形以及温度变化的影响等，往往不能保证两轴严格的对中，存在着某种程度的相对位移或偏斜，如图 3-45 所示。如果这些偏移量得不到补偿，将会在轴、轴承和联轴器上引起附加载荷，甚至发生振动，这就要求在设计联轴器时，要从结构上采取某种措施，使其具有补偿上述偏移量的性能。

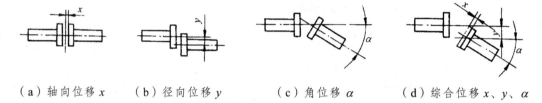

（a）轴向位移 x　　（b）径向位移 y　　（c）角位移 α　　（d）综合位移 x、y、α

图 3-45　联轴器所联两轴间的偏移形式

联轴器的种类很多，按照联轴器的性能不同可分为刚性联轴器（亦称固定式联轴器）和挠性联轴器。刚性联轴器对相联两轴间的偏移量没有补偿性能，但其具有结构简单、制造容易、不需维护、成本低等优点，因而仍有一定的使用范围。挠性联轴器又可分为无弹性元件挠性联轴器（亦称可移式刚性联轴器）和带弹性元件挠性联轴器。无弹性元件挠性联轴器只具有补偿两轴相对位移的能力，而带弹性元件挠性联轴器由于有能产生较大弹性变形的弹性元件，因而除具有补偿性能外，还可以缓冲吸振，但受弹性元件的强度限制，其传递转矩的能力一般不及无弹性元件联轴器。按弹性元件的材质不同，弹性元件可分为金属弹性元件和非金属弹性元件。金属弹性元件具有强度高、传递转矩的能力大、使用寿命长、不易变质且性能稳定等优点。非金属弹性元件制造方便，易获得各种结构形状，且具有较高的阻尼性能。

在选用标准联轴器或已具有推荐的尺寸系列的联轴器型号时，一般都是以联轴器所传递的计算转矩 T_c 小于或等于所选联轴器的许用转矩[T]或标准联轴器的公称转矩 T_n 为原则。在计算联轴器所需传递的转矩 T_c 时，通常引入一个工作情况系数 K_A（见表 3-10）来考虑传动轴系载荷变化性质的不同以及联轴器本身的结构特点和性能的不同。计算转矩为：

$$T_c = K_A T \tag{3-2}$$

式中：T 为名义转矩。

表 3-10　联轴器的工作情况系数 K_A

动　力　机		K_A					
		工　作　机					
		Ⅰ 类	Ⅱ 类	Ⅲ 类	Ⅳ 类	Ⅴ 类	Ⅵ 类
电动机、汽轮机		1.3	1.5	1.7	1.9	2.3	3.1
内燃机	四缸及四缸以上	1.5	1.7	1.9	2.1	2.5	3.3
	二缸	1.8	2.0	2.2	2.4	2.8	3.6
	单缸	2.2	2.4	2.6	2.8	3.2	4.0

注：Ⅰ 类：转矩变化很小的机械，如发电机、小型通风机、小型离心泵。
　　Ⅱ 类：转矩变化小的机械，如透平压缩机、木工机床、运输机。
　　Ⅲ 类：转矩变化中等的机械，如搅拌器、增压泵、有飞轮的压缩机、冲床。
　　Ⅳ 类：转矩变化和冲击载荷中等的机械，如织布机、水泥搅拌机器、拖拉机。
　　Ⅴ 类：转矩变化和冲击载荷大的机械，如造纸机械、挖掘机、起重机、碎石机。
　　Ⅵ 类：转矩变化大并有极强烈冲击载荷的机械，如压延机械、无飞轮的活塞泵、重型初轧机。

1. 固定式刚性联轴器

固定式刚性联轴器中应用最广的是凸缘联轴器，它的结构简单、工作可靠、传递转矩大，装拆较为方便，可以连接不同直径的两轴，也可连接圆锥轴伸。它是把两个带凸缘的半联轴器用键分别与两轴连接，然后用螺栓把两个半联轴器连成一体，以传递运动和转矩，如图 3-46 所示。图 3-46（a）是用铰制孔用螺栓将两个半联轴器联在一起，并由螺栓与孔间的过渡配合来实现相联两轴的对中，这种连接依靠螺栓与孔壁间的挤压来传递转矩，传递转矩的能力强，且在装拆时不需要使轴做轴向移动，但铰孔加工较为麻烦。图 3-46（b）是用普通螺栓将两个半联轴器联在一起，并通过两个半联轴器上分别设置的凸台和凹槽的嵌合来实现相联两轴的对中，凸缘加工方便，这种连接依靠两圆盘接触面间的摩擦力来传递转矩，但在装拆时需要沿轴向移动轴。为了运行安全，有时将凸缘联轴器作成带防护缘的形式，如图 3-46（c）所示。

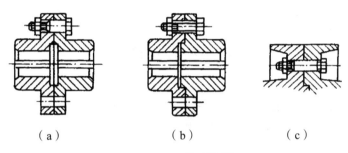

（a）   （b）   （c）

图 3-46 凸缘联轴器

凸缘联轴器适用于相联两轴的刚性大、对中性好、安装精确且转速较低、载荷平稳的场合。凸缘联轴器已标准化，其尺寸可按 GB/T 5843—1986 来选用。

两半联轴器的材料常采用 HT200、ZG270-500（或 35）钢。

2. 刚性可移式联轴器

可移式刚性联轴器是利用自身具有相对可动的元件或间隙，允许相联两轴间存在一定的相对位移，所以具有一定的位移补偿能力。这类联轴器适用于调整和运转时很难达到两轴完全对中或者要达到精确对中所花代价过高的场合。

（1）滑块联轴器

滑块联轴器（见图 3-47）是利用中间滑块 2 在其两侧半联轴器 1、3 端面的相应径向槽内的径向滑动，以实现两半联轴器的连接，并获得补偿两相联轴相对位移的能力。滑块联轴器的主要特点是允许两轴有较大的径向位移，并允许有不大的角位移和轴向位移。由于滑块偏心运动产生离心力，使这种联轴器不适宜于高速下运转。

滑块联轴器有多种不同的结构形式，图 3-47 所示为十字滑块联轴器，其中间滑块呈圆环形，用钢或耐磨金属合金制成，适用于转速较低、传递转矩较大的场合。

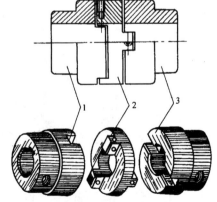

图 3-47 滑块联轴器

（2）万向联轴器

万向联轴器［见图 3-48（a）］是由分别装在两轴端的叉形零件 1、3 与一个十字轴 2 以铰链形式连接起来的。十字轴的中心与两叉形零件的轴线交于一点，两轴线所夹的锐角为 α。由于两叉形零件能绕各自的固定轴线回转，因此这种联轴器可以在较大的角位移下工作，一般取偏斜角 $\alpha \leqslant 45°$。

万向联轴器的主要缺点是：由于 α 角的存在，当主动轴以等角速度 ω_1 回转时，从动轴的角速度 ω_2 将在 $\omega_1 \cos\alpha$ 至 $\omega_1 / \cos\alpha$ 的范围内做周期性变化，因而在传动中引起附加载荷。为了消除这一缺点，常常将两个万向联轴器连在一起使用［见图 3-48（b）］，此时必须使中间轴上的两个叉形零件位于同一平面内，且使它与主、从动轴的夹角 α 相等，这样才能保证主、从动轴的角速度相等。

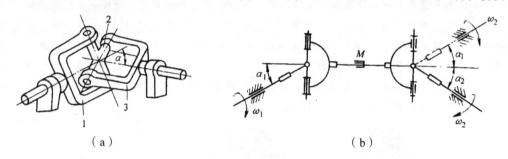

（a）   （b）

图 3-48   万向联轴器

3. 弹性联轴器

弹性联轴器除了能补偿相联两轴的相对位移，降低对联轴器安装的精确对中要求外，更重要的是利用其弹性元件来缓和冲击，避免发生严重的危险性振动。

（1）弹性套柱销联轴器

弹性套柱销联轴器（见图 3-49）的结构与凸缘联轴器相似，不同的是用装有弹性套的柱销代替连接螺栓，其工作时是依靠弹性套的变形来补偿两轴间的径向位移和角位移，并缓冲和吸振。安装时应注意使两个半联轴器的端面间留有适当的间隙，以补偿相联两轴间的轴向位移。

这种联轴器的结构简单、制造容易、重量轻、装拆方便、成本较低、吸振能力强，但弹性套容易磨损，寿命较短。它适用于连接载荷平稳，需经常正反转或启动频繁的传递中、小转矩的轴。

弹性套柱销联轴器的半联轴器常采用的材料是铸铁、铸钢或 35 钢。此种联轴器已经标准化，其结构尺寸可按 GB/T4323—1984 来选用。

（2）弹性柱销联轴器

弹性柱销联轴器（见图 3-50）是用若干个非金属材料（如尼龙）制成的柱销将两个半联轴器连接起来。为防止柱销脱落，其两端用挡圈封闭。

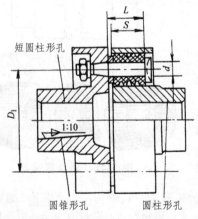

图 3-49   弹性套柱销联轴器

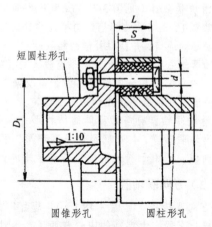

图 3-50   弹性柱销联轴器

这种联轴器的性能和应用与弹性套柱销联轴器相近似,不同的是其传递扭矩和补偿两轴轴向位移的能力更强,结构更为简单。它同样已标准化(GB/T5014—1985)。

(二)联轴器的选用

因大多数联轴器已标准化或规格化,因而在选择联轴器时,设计者就是根据工作条件和使用要求选择联轴器的类型、确定型号,然后再根据联轴器所传递的转矩、转速和被连接轴的直径确定其结构尺寸,并在必要时对易损零件作强度计算。如果使用场合特殊,且在手册中无适当型号联轴器可使用时,可按实际需要参照相应的标准或规格自行设计。

在选择联轴器的型号时,应同时满足下列两式:

$$\left.\begin{array}{c} T_c \leqslant T_n \\ n \leqslant [n] \end{array}\right\} \tag{3-3}$$

式中:n、$[n]$ 分别为联轴器的工作转速和许用转速(r/min)。

四、离合器

离合器按其接合元件传动的工作原理,可分为嵌合式和摩擦式离合器,按控制方式可分为操纵式和自控式离合器。操纵离合器需要借助于人力或动力进行操纵,它可分为电磁、气压、液压和机械离合器。自控离合器不需要外来操纵即可在一定条件下自动实现离合器的分离或接合,它分为安全离合器、离心离合器和超越离合器。对离合器的基本要求是:

① 离合迅速,平稳无冲击,分离彻底,动作准确可靠。

② 结构简单,重量轻,惯性小,外形尺寸小,工作安全。

③ 接合元件耐磨性高,寿命长,散热条件好。

④ 操纵方便省力,易于制造,调整维修方便。

(一)牙嵌离合器

牙嵌离合器由两个端面有牙的半离合器组成,如图3-51所示。主动半离合器1通过平键与主动轴相联,从动半离合器3用导向平键(或花键)与从动轴连接,并可由操纵机构操纵从动半离合器3上的滑环4使其做轴向移动,以实现两半离合器的接合与分离。牙嵌离合器是通过牙的相互啮合来传递运动和转矩的,为了保持牙工作面受载均匀,要求相连接的两轴严格同心,为此在主动半离合器上安装了一对中环2。由于牙嵌式离合器是依靠两个半离合器端面牙齿间的嵌合来实现主、从动轴间的接合,因此在离合器处于分离状态时,牙齿间应完全脱离。为防止牙齿因受冲击载荷而断裂,两个半离合器的接合必须在相联两轴转速差很小或停车时进行。

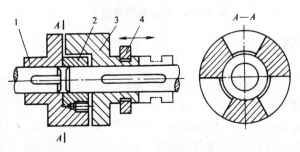

图 3-51 牙嵌离合器

牙嵌离合器的特点是：结构简单，外廓尺寸小，连接两轴间没有相对转动，但接合时必须使主动轴慢速转动或停车，否则牙齿容易损坏。它适用于要求主从动轴完全同步的轴系。

（二）摩擦离合器

摩擦离合器是依靠主、从动半离合器结合面间的摩擦力来传递运动和转矩的，分为单盘式和多盘式两种。

1. 单盘摩擦离合器

单盘摩擦离合器（见图 3-52）是最简单的摩擦离合器。主动盘 1 用平键上固定在主动轴上，从动盘 3 用导向平键与从动轴相联，它可以以沿轴向移动。操纵滑环 4 可以使离合器接合或分离。接合时以轴向压力 F_A（N）将盘 3 压在盘 1 上，主动轴上转矩即由两盘接触面间的摩擦力矩传到从动轴上。为了增大摩擦因数，通常在一个摩擦盘的表面装上摩擦片 2。

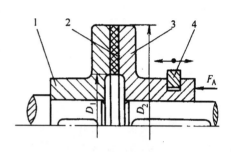

单盘摩擦离合器的结构简单，散热性能好，但传递转矩的能力较小。为了提高摩擦离合器传递转矩的能力，可以采用多盘摩擦离合器。

图 3-52 单盘摩擦离合器

2. 盘摩擦离合器

图 3-53 所示为多盘摩擦离合器。主动轴 1 与外套筒 2 相连接，从动轴 6 与内套筒 5 相连接，外套筒 2 又通过花键与一组外摩擦盘 3 [见图 3-53（b）]连接在一起，内套筒 5 也通过花键与另一组内摩擦盘 4 [见图 3-53（c）]连接在一起。工作时向左移动滑环 7，拨动曲臂压杆 8 逆时针转动，从而将内摩擦盘压紧，使离合器处于接合状态。若向右移动滑环，内摩擦盘因弹力作用而被松开，离合器则处于分离状态。这种离合器在车床的主轴箱内应用非常广泛。

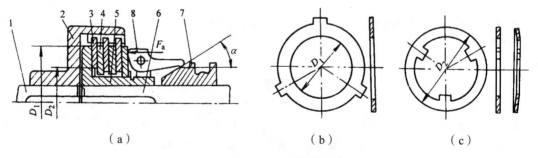

（a） （b） （c）

图 3-53 多盘摩擦离合器

（三）其他离合器

1. 超越离合器

超越离合器又称定向离合器，它是一种靠主、从动部分的相对运动速度的变化或回转方向的变换而能自动接合或分离的离合器。当主动轴的转速大于从动轴时，离合器使两轴接合，以传递动力；而当主动轴的转速小于从动轴时，离合器将会分离，两轴脱开，因而此种离合器只能传递单向转矩。

图 3-54 所示的超越离合器由星轮 1、外壳 2、滚柱 3 和弹簧 4 组成。若外壳 2 为主动件,星轮 1 为从动件,当外壳逆时针转动时,滚柱 3 被弹簧 4 压向 1 和 2 之间的楔形槽的狭窄部分,滚柱在摩擦力的作用下被压紧,楔紧外环和星轮,从而驱动星轮一起转动,离合器处于接合状态;反之,当外壳顺时针方向回转时,则带动滚柱克服弹簧力而滚到楔口大端,离合器处于分离状态,故称定向离合器。当星轮与外壳按顺时针方向做同向回转时,若外壳转速小于星轮转速,则离合器处于接合状态;反之,外壳转速大于星轮转速则离合器处于分离状态,因而称为超越离合器。

2. 电磁离合器

电磁离合器是利用励磁线圈电流产生的电磁力来操纵接合元件,使离合器接合与分离。电磁离合器具有启动力矩大、动作反应快、结构简单、安装与维护方便、控制简单等优点。但由于其存在剩磁而影响摩擦片的分离,且还会引起其他部件的磁化,吸引铁屑而影响传动精度和使用寿命。常用电磁离合器有牙嵌式、摩擦片式和磁粉式,下面简单介绍磁粉离合器。

图 3-55 所示为磁粉离合器的工作原理图。与从动轴相联的从动件 1 为一圆柱形的金属外壳,电磁铁 4 与主动轴相联,在电磁铁上嵌有励磁线圈 3。在外壳 1 与电磁铁 4 之间的同心环形间隙中充填有磁粉 2。当电流通入励磁线圈后,磁粉在线圈磁场的作用下黏性增大,从而使主、从动件相连接。这样,动力就由磁粉层间的磁力和摩擦力从主动件传到从动件。线圈断电后,磁粉去磁恢复为松散状态,并在离心力的作用下被甩向壳体内壁,从而失去传递转矩的能力。

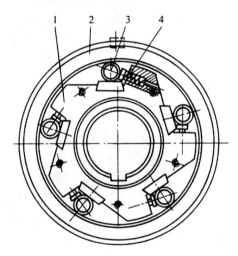

图 3-54　滚柱超越离合器

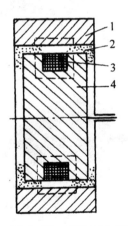

图 3-55　磁粉离合器

项目4 多级减速器的拆装与分析

☆ 项目说明

　　减速器的种类多种多样，生产中最常用的是多级齿轮减速器，本项目要求对多级齿轮变速器进行拆解。在拆解过程中，让学生掌握相关能力。本项目的主要内容包括：齿轮的相关设计，轴承的润滑，零件的相互配合，减速器传动比的计算。常用的拆解用减速器如图 4-1 所示。

（a）单级圆锥齿轮拆装减速器

（b）双级分流式拆装减速器

（c）双级圆柱圆锥拆装减速器

（d）双级展开式拆装减速器

图 4-1　常用拆解用减速器

☆ 项目学习目标

完成本项目的学习后，学生应该具备以下能力：
1. 了解齿轮减速器的基本工作原理。
2. 会正确拆解齿轮减速器。
3. 能根据已知参数计算直齿和斜齿圆柱齿轮的模数等参数。
4. 会进行齿轮箱和轴承的润滑。

5. 会进行定轴轮系传动比的计算。
6. 会画齿轮箱轴系运动简图。
7. 会绘制减速器的装配图。

任务 1　减速器的拆解与模数计算

【任务目标】
① 掌握减速器的工作原理。
② 会按正确顺序对减速器进行拆解。
③ 认识减速器各零件的名称与作用。
④ 会进行轴承的游隙调整。

【任务描述】
减速器是工作在原动机与工作机之间的重要变速机构,用来降低转速和增大扭矩。本任务主要是对如图 4-2 所示的二级齿轮减速器进行拆解,通过这个过程来掌握减速器的工作原理,并对两对互相啮合的齿轮的公称直径和模数进行计算。已知该斜齿圆柱齿轮的螺旋角 $\beta = 15°$。

图 4-2　二级斜齿圆柱齿轮减速器

【相关知识】

1.1　齿轮各部分的名称及代号

图 4-3 所示为直齿圆柱齿轮的一部分,图中标出了齿轮各部分的名称和常用代号。

（1）齿数
齿轮圆柱面上凸出的部分称为轮齿,其两侧是形状相同而方向相反的渐开线,称为齿廓。轮齿的总数称为齿数,用 z 表示。

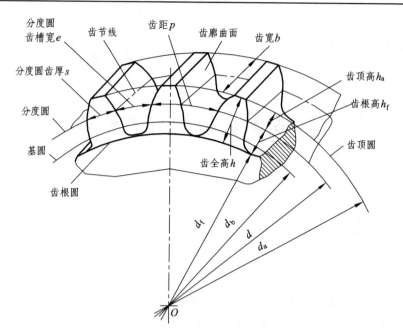

图 4-3　齿轮各部分的名称

（2）齿厚

任一圆周上同一轮齿两侧齿廓间的弧长，称为该圆上的齿厚，用 s 表示。

（3）齿槽

相邻两轮齿间的空间称为齿槽。在任意圆周上，同一齿槽两侧齿廓间的弧长称为该圆的齿槽宽，用 e 表示。

（4）齿顶圆

各轮齿齿顶所确定的圆称为齿顶圆，齿顶圆直径用 d_a 表示。

（5）齿根圆

各齿槽底部所确定的圆称为齿根圆，齿根圆直径用 d_f 表示。

（6）齿距

在任意半径的圆周上，相邻两齿同侧齿廓间的弧长称为该圆上的齿距，用 p 表示。显然：

$$p = s + e \tag{4-1}$$

（7）模数

根据齿距的定义，可知齿距与圆周长有如下关系：

$$\pi d = pz$$

$$d = (p/\pi)z = mz \tag{4-2}$$

上式中，比值 $p/\pi = m$ 称作该圆上的模数。在不同直径的圆周上，比值 p/π 是不同的，而且还包含无理数 π；又由渐开线性质可知，在不同直径的圆周上，齿廓各点的压力角也不相等。为了便于设计、制造及互换，人为地把齿轮某一圆周上的比值 p/π 规定为标准值（整数或有理数），并使该圆上的压力角也规定为标准值，这个圆称为分度圆，其直径用 d 表示。分度圆上的压力角简称压力角，用 α 表示。我国规定的的标准压力角为20°。分度圆上的模数简称模数，用 m 表示，单位为 mm。模数已标准化，表 4-1 所示为其中的一部分。

表 4-1　标准模数系列（摘自 GB/T357—1987）

第一系列	1，1.25，1.5，2，2.5，3，4，5，6，8，10，12，16，20，25，32，40，50
第二系列	1.75，2.25，2.75，（3.25），3.5，（3.75），4.5，5.5，（6.5），7，9，（11），14，18，22，28，36，45

注：1. 本标准适用于渐开线圆柱齿轮，对于斜齿轮是指法向模数。
　　2. 优先采用第一系列，括号内的模数尽可能不用。

模数是齿轮设计与制造的重要基本参数，齿轮的主要几何尺寸都和模数成正比，m 越大，则齿距 p 越大，轮齿就越大，轮齿的抗弯能力也越强，所以模数 m 又是轮齿抗弯能力的重要标志。

分度圆上的齿距、齿厚、齿槽宽习惯上不加分度圆字样，而直接称为齿距、齿厚、齿槽宽。分度圆上各参数的代号都不带下标。分度圆上的齿距为：

$$p = s + e = \pi m \tag{4-3}$$

分度圆直径为：

$$d = mz \tag{4-4}$$

（8）齿顶高、齿根高和全齿高

介于齿顶圆与分度圆之间的部分称为齿顶，其径向高度称为齿顶高，用 h_a 来表示。介于齿根圆与分度圆之间的部分称为齿根，其径向高度称为齿根高，用 h_f 表示。齿顶圆与齿根圆之间的径向高度称为全齿高，用 h 表示，显然：

$$h = h_a + h_f \tag{4-5}$$

齿顶高和齿根高的尺寸规定为模数的倍数，即：

$$\left. \begin{array}{l} h_a = h_a^* m \\ h_f = (h_a^* + c^*)m \end{array} \right\} \tag{4-6}$$

$$h = h_a + h_f = (2h_a^* + c^*)m \tag{4-7}$$

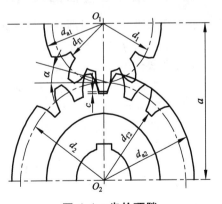

图 4-4　齿轮顶隙

式中：h_a^* 称为齿顶高系数，c^* 称为顶隙系数。齿顶高系数和顶隙系数已标准化，见表 4-2。

上式中，$c = c^* m$ 称为顶隙，是指一对齿轮啮合时，一个齿轮的齿顶圆到另一个齿轮的齿根圆的径向距离（见图 4-4）。顶隙的作用是为了避免一个齿轮的齿顶与另一齿轮的齿槽底部相碰，同时也是为了在间隙中贮存润滑油。

表 4-2　渐开线圆柱齿轮的齿顶高系数和顶隙系数

系数	正常齿制	短齿制
h_a^*	1.0	0.8
c^*	0.25	0.3

当齿轮的模数 m、压力角 α、齿顶高系数 h_a^*、顶隙系数 c^* 均为标准值，且分度圆上的齿厚与齿槽宽相等时，该齿轮称为标准齿轮。m、α、h_a^*、c^* 和 z 为渐开线直齿圆柱齿轮几何尺寸计算的五个基本参数。

外啮合渐开线标准直齿圆柱齿轮几何尺寸的计算公式归纳在表 4-3 中。

表 4-3　渐开线标准直齿圆柱齿轮几何尺寸的计算公式

名称	代号	计算公式		
		外齿轮	内齿轮	齿条
模数	m	取标准值		
压力角	α	$\alpha = 20°$		
分度圆直径	d	$d = mz$		
基圆直径	d_b	$d_b = d\cos\alpha$		
齿顶高	h_a	$h_a = h_a^* m$		
齿根高	h_f	$h_f = (h_a^* + c^*)m$		
全齿高	h	$h = h_a + h_f = (2h_a^* + c^*)m$		
齿距	p	$p = \pi m = s + e$		
齿厚	s	$s = \pi m/2$		
齿槽宽	e	$e = \pi m/2$		
顶隙	c	$c = c^* m$		
齿顶圆直径	d_a	$d_a = d + 2h_a = (z + 2h_a^*)m$	$d_a = d - 2h_a = (z - 2h_a^*)m$	∞
齿根圆直径	d_f	$d_f = d - 2h_f$ $= (z - 2h_a^* - 2c^*)m$	$d_f = d + 2h_f$ $= (z + 2h_a^* + 2c^*)m$	∞
中心距	a	$a = (d_2 \pm d_1)/2 = m(z_2 \pm z_1)/2$		∞

注：中心距计算式中"＋"用于外啮合，"－"号用于内啮合。

1.2　渐开线直齿圆柱齿轮正确啮合条件

由前述可知，一对渐开线齿轮无论在何位置接触，它们的啮合点都应当在啮合线 N_1N_2 上。如图 4-5 所示，当前一对齿在啮合线上的 K 点相啮合时，后一对齿必须正确地在啮合线上的 K' 点相啮合。显然 KK' 既是齿轮 1 的法向齿距（相邻轮齿同侧齿廓间的法线距离），又是齿轮 2 的法向齿距。由此可知，要保证两齿轮正确啮合，它们的法向齿距必须相等。设 K_1K_1'、K_2K_2' 分别表示齿轮 1 和齿轮 2 的法向齿距，应有 $K_1K_1' = K_2K_2'$。又由渐开线的性质可知，法向齿距与基圆齿距相等。设 p_{b1}、p_{b2} 分别表示齿轮 1 和齿轮 2 的基圆齿距，则有：

$$K_1K_1' = p_{b1} = K_2K_2' = p_{b2}$$

而　　$p_{b1} = \pi d_{b1}/z_1 = \pi d_1\cos\alpha_1/z_1 = \pi m_1 z_1\cos\alpha_1/z_1 = \pi m_1\cos\alpha_1$

$p_{b2} = \pi d_{b2}/z_2 = \pi d_2\cos\alpha_2/z_2 = \pi m_2 z_2\cos\alpha_2/z_2 = \pi m_2\cos\alpha_2$

可得两齿轮正确啮合的条件为：

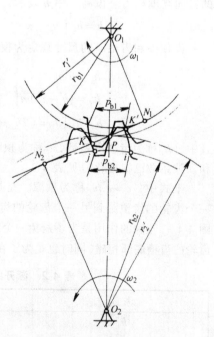

图 4-5　正确啮合条件

$$m_1\cos\alpha_1 = m_2\cos\alpha_2$$

式中：m_1、m_2、α_1、α_2 分别为两轮的模数和压力角。由于模数和压力角都已标准化，所以要满足上式，则应使：

$$\left.\begin{array}{l} m_1 = m_2 = m \\ \alpha_1 = \alpha_2 = \alpha \end{array}\right\} \tag{4-8}$$

上式表明，渐开线齿轮的正确啮合条件是：两轮的模数和压力角分别相等。

1.3　连续传动条件

我们先来看一对轮齿的正确啮合过程。如图 4-6（a）所示，设轮 1 为主动轮，轮 2 为从动轮，当两轮的一对齿开始啮合时，主动轮的齿根部分与从动轮的齿顶接触，所以开始啮合点是从动轮的齿顶圆和啮合线 N_1N_2 的交点 B_2；当两轮继续转动，啮合点的位置沿着 N_1N_2 移动，轮 2 齿廓上的啮合点由齿顶向齿根移动，轮 1 齿廓上的啮合点则由齿根向齿顶移动。当啮合传动进行到主动轮的齿顶圆与啮合线 N_1N_2 的交点 B_1 时，两轮即将脱离接触，故 B_1 为轮齿的终止啮合点。线段 B_1B_2 为啮合点的实际轨迹，称为实际啮合线段。若将两轮的齿顶圆增大，啮合点趋近于点 N_1、N_2。但由于基圆内无渐开线，实际啮合线不可能超过极限点 N_1、N_2，故线段 N_1N_2 称为理论啮合线。

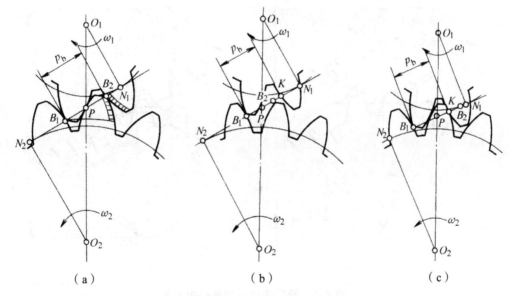

（a）　　　　　　　（b）　　　　　　　（c）

图 4-6　连续传动条件

由轮齿啮合的过程可知，一对轮齿啮合到一定位置时即会终止，要使齿轮连续传动，就必须使前一对轮齿尚未脱离啮合，后一对轮齿能及时进入啮合，或者已经在 B_1、B_2 点之间的任一点相啮合。为此，必须使实际啮合线段大于或等于法向齿距（基圆齿距），即 $B_1B_2 \geqslant p_b$。图 4-6（a）表示 $B_1B_2 = p_b$ 的情况，此时恰好能够连续传动。图 4-6（b）表示 $B_1B_2 < p_b$ 的情况，此时当前一对齿在 B_1 点即将脱离啮合，后一对齿尚未进入啮合，传动不能连续进行。图 4-6（c）表示 $B_1B_2 > p_b$ 的情况，此时传动不仅能够连续进行，而且还有一段时间为两对齿同时啮合。

实际啮合线段 B_1B_2 与基圆齿距的比值称为齿轮传动的重合度，用 ε 来表示，于是渐开线齿轮连续传动的条件可表示为：

$$\varepsilon = \frac{B_1B_2}{p_b} \geqslant 1 \qquad (4\text{-}9)$$

重合度越大，表示同时啮合的轮齿对数越多。当 $\varepsilon = 1$，表示在传动过程中只有一对齿啮合；当 $\varepsilon = 2$，则表示有两对齿同时啮合；如果 $1 < \varepsilon < 2$，则表示在传动过程中，时而有两对轮齿相啮合，时而有一对轮齿相啮合。在一般机械中，要求重合度 $\varepsilon \geqslant 1.1 \sim 1.4$。

重合度的详细计算公式可参阅有关的机械设计手册。对于一般的标准齿轮传动，重合度都大于 1，故不必验算。

1.4　标准中心距

图 4-7 表示一对渐开线标准齿轮外啮合时的情况。由图中可以看出，两轮的分度圆相切，其中心距 a 等于两轮分度圆半径之和，即：

$$a = r_1' + r_2' = r_1 + r_2 = \frac{1}{2}m(z_1 + z_2) \qquad (4\text{-}10)$$

这种中心距称为标准中心距。

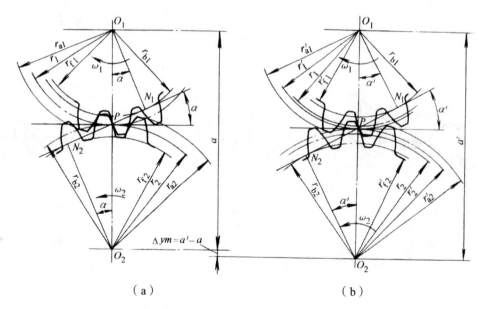

（a）　　　　　　　　　　（b）

图 4-7　渐开线齿轮安装的中心距

一对齿轮安装时，两轮的中心距总是等于两轮节圆半径之和。因此，标准安装时，其分度圆与节圆重合。但如果由于种种原因，齿轮的实际中心距与标准中心距不等，如图 4-7（b）所示，则两轮的分度圆就不再相切，这时节圆与分度圆也不再重合。

1.5　切齿原理和根切现象

渐开线齿轮可以用铸造、锻造、轧制、粉末冶金和切削加工等多种方法制造，最常用的是切削加工法。切削加工按加工原理又可分为仿形法和范成法两种。

1.5.1　仿形法

仿形法切削轮齿是用渐开线齿形的成形铣刀直接切出齿形。常用的刀具有盘形铣刀 ［ 见图 4-8（a）］ 和指状铣刀 ［ 见图 4-8（b）］ 两种。加工时，铣刀绕本身轴线旋转，同时轮坯沿齿轮轴线方向直线移动。铣出一个齿槽以后，将轮坯转过 $2\pi/z$ 再铣第二、三、…个齿槽。仿形法切削轮齿方法简单，不需要专用机床，但生产效率低、精度差，故仅适用于单件生产及精度要求不高的场合。

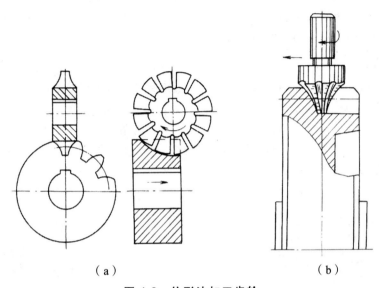

（a）　　　　　　　　　　　　（b）

图 4-8　仿形法加工齿轮

1.5.2　范成法

范成法加工是利用一对齿轮传动时，其轮齿齿廓互为包络线的原理来切齿的。这种方法采用的刀具主要有齿轮插刀、齿条插刀和齿轮滚刀。与仿形法相比，范成法加工齿轮不仅精度高，而且生产效率也高。

（1）齿轮插刀

齿轮插刀的形状如图 4-9（a）所示。刀具顶部比正常齿高出 c^*m，以便切出顶隙部分。插齿时，插刀沿轮坯轴线方向做往复切削运动，同时强迫插刀与轮坯模仿一对齿轮传动那样以一定的角速度比转动，直至全部齿槽切制完毕。

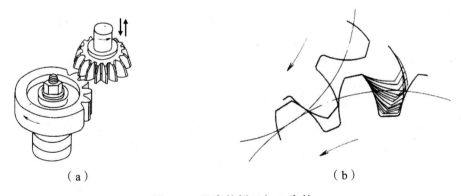

（a）　　　　　　　　　　　　（b）

图 4-9　用齿轮插刀加工齿轮

因插齿刀的齿廓是渐开线，故切制的齿轮齿廓也是渐开线。根据正确啮合条件，被切制的齿轮的模数和压力角与刀具相等，故用同一把刀具切出的齿轮不论齿数多少都能正确啮合。

（2）齿条插刀

齿轮插刀的齿数增加至无穷多时，其基圆半径也增至无穷大，渐开线齿廓变成直线齿廓，齿轮插刀就变成齿条插刀，如图 4-10 所示。齿条插刀顶部比传动用的齿条高出 c^*m，同样，为了切出顶隙部分。齿条插刀切制轮齿时，其范成运动相当于齿条与齿轮的啮合传动，插刀的移动速度与轮坯分度圆上的圆周速度相等。

（3）齿轮滚刀

以上介绍的两种刀具只能间断地切削，生产效率较低，目前广泛采用的齿轮滚刀能连续切削，生产效率较高。如图 4-11 所示为齿轮滚刀切制轮齿的情形。滚刀形状很像螺旋，它的轴向截面为一齿条，切齿时，滚刀绕其轴线回转，就相当于齿条在连续不断地移动。当滚刀和轮坯绕各自的轴线转动时，便按范成原理切制出渐开线齿廓。滚刀除了旋转外，还沿着轮坯的轴线方向移动，以便切出整个齿宽上的齿槽。

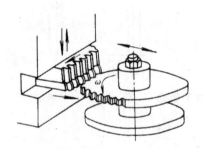

图 4-10　用齿条插刀加工齿轮

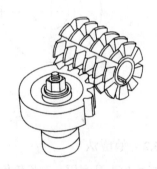

图 4-11　用齿轮滚刀加工齿轮

1.5.3　根切现象和最少齿数

用范成法加工齿轮时，有时会出现刀具的顶部切入齿根，将齿根部分渐开线齿廓切去一部分的现象，称为根切（见图 4-12）。根切使齿根削弱，降低了轮齿的抗弯强度，严重时还会使重合度减小，导致传动不平稳，所以应当避免。

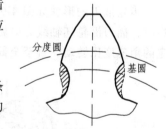

分度圆

基圆

图 4-12　根切现象

现以齿条刀具切削标准齿轮为例分析根切产生的原因。

如图 4-13 所示为用齿条插刀加工标准齿轮的情况。图中齿条插刀的分度线与轮坯的分度圆相切，B_1 点为轮坯齿顶圆与啮合线的交点，而 N_1 点为轮坯基圆与啮合线的切点。根据啮合原理可知：刀具将从位置 1 开始切削齿廓的渐开线部分，当刀具行至位置 2 时，齿廓的渐开线已全部切出。如果刀具的齿顶线恰好通过 N_1 点，则当范成运动继续进行时，该切削刃即与切好的渐开线齿廓脱离，因而就不会发生根切现象。但是，若如图 4-13 所示，刀具的顶线超过了 N_1 点，由基圆内无渐开线的性质可知，超过 N_1 的刀刃不但不能切制出渐开线齿廓，还将把已加工完成的渐开线廓线切去一部分，导致根切的产生（阴影部分）。

由上述分析可知，要避免根切就必须使刀具齿顶线不超过 N_1 点。如图 4-14 所示，避免根切需满足以下几何条件：

$$N_1E \geqslant h_a^* m$$

而
$$N_1E = PN_1 \sin \alpha = (r \sin \alpha) \sin \alpha = \frac{mz}{2} \sin^2 \alpha$$

整理后可以得出：

$$z \geqslant \frac{2h_a^*}{\sin^2 \alpha}$$

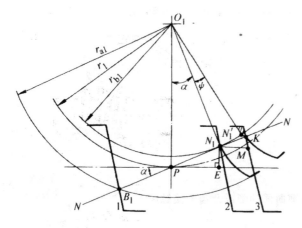

图 4-13　根切产生的原因

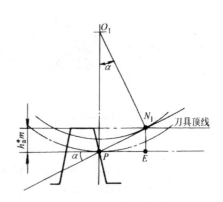

图 4-14　最少齿数

由此可知，被切齿轮的齿数越少越容易发生根切。为了不产生根切，齿数不得少于某一数值，这就是最少齿数 z_{min}，即：

$$z_{min} = \frac{2h_a^*}{\sin^2 \alpha} \tag{4-11}$$

当 $\alpha = 20°$、$h_a^* = 1$ 时，$z_{min} = 17$。若允许少量根切时，正常齿的最少齿数 z_{min} 可取 14。

1.6　斜齿圆柱齿轮齿廓曲面的形成及特点

如图 4-15（a）所示，当发生面在基圆柱上做纯滚动时，发生面上与基圆柱轴线平行的任意一直线 KK 就展开出一渐开线曲面，此曲面即为直齿圆柱齿轮的齿廓曲面。一对直齿圆柱齿轮啮合时，两轮齿廓侧面将沿着齿面上与轴线平行的直线顺序地进行啮合，齿面上的接触线为直线［见图 4-15（b）］，所以两轮轮齿在进入啮合时是沿着全齿宽同时接触，在退出啮合时，也是沿着全齿宽同时脱离。轮齿上的作用力同样也是同时突然加上和突然卸下的。这种接触方式使得直齿轮在传动时容易产生冲击、振动和噪声。对于高速传动，这种情况尤其严重。

斜齿圆柱齿轮齿廓曲面的形成与直齿圆柱齿轮相似，只是形成渐开线齿廓曲面的直线与基圆柱的轴线不平行，而是在发生平面内与基圆柱母线成一夹角为 β_b 的斜直线 KK［见图 4-16（a）］。当发生面沿基圆柱做纯滚动时，斜直线 KK 的轨迹为螺旋渐开面，即斜齿圆柱齿轮的齿廓曲面。斜直线 KK 与基圆柱母线间的夹角 β_b 称为基圆柱上的螺旋角。

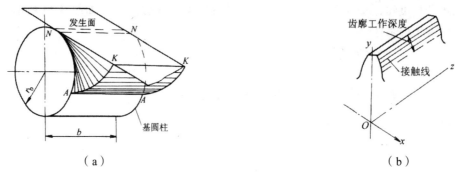

（a）   （b）

图 4-15　直齿轮齿廓曲面的形成及齿廓接触线

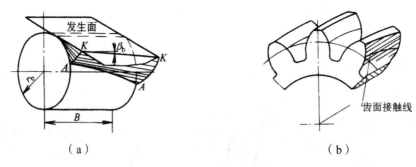

（a）   （b）

图 4-16　斜齿轮齿廓曲面的形成及齿廓接触线

由斜齿轮的形成可知，一对斜齿圆柱齿轮啮合时，两轮齿廓侧面沿着与轴线倾斜的直线相接触，如图 4-16（b）所示。显然，齿面在不同位置接触时，其接触线的长度是变化的。从开始啮合时起，接触线由零开始逐渐增大，到某一位置后，又由长变短，直至脱离啮合。因此，斜齿轮是逐渐进入啮合和逐渐退出啮合的，所以斜齿圆柱齿轮传动平稳，冲击和噪声小。另外，

由于轮齿是倾斜的，所以同时啮合的齿数比直齿轮多，重合度比直齿轮大，故承载能力较强，适用于高速和重载传动。

斜齿轮的缺点是在传动过程中产生轴向力，为了消除轴向力的影响，可以采用人字形齿轮。人字形齿轮可以看作是由两个尺寸相等而齿的螺旋线方向相反的斜齿轮组合而成，因而轴向力可以互相抵消。但人字形齿轮加工困难。

斜齿轮按其齿廓渐开螺旋面的旋向，可以分为左旋［见图 4-17（a）］和右旋［见图 4-17（b）］两种。其判别方法与螺纹的左旋、右旋相同。

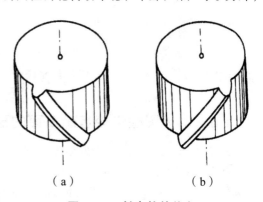

（a）   （b）

图 4-17　斜齿轮的旋向

1.7　斜齿圆柱齿轮的几何尺寸计算

斜齿轮是由直齿轮演变而来的，从它的端面看，完全像一个渐开线的直齿轮，所以其几何尺寸计算与直齿轮大致相同。由于轮齿是倾斜的，轮齿除端面（垂直于齿轮轴线的平面）外，还有法面（垂直于齿的平面）。斜齿圆柱齿轮的加工，通常是使用加工直齿轮的刀具，使其倾斜

一个角度后，沿齿轮螺旋线方向（垂直于法面的方向）进刀，故法面几何尺寸取决于标准刀具的尺寸，即法面几何尺寸为标准值。但因法向截面不是圆，故几何尺寸不能按法向参数计算。而端面上的齿形为渐开线，其啮合原理和几何尺寸计算方法与直齿轮完全相同。因此，计算斜齿轮的几何尺寸时，可以套用直齿圆柱齿轮的公式，只是将斜齿轮的法面参数换算为端面参数代入公式即可。总之，斜齿轮几何尺寸计算的关键在于正确掌握法面参数与端面参数的换算关系。

为方便起见，在以下的叙述中，法面参数用下标 n 表示，端面参数用下标 t 表示。

（1）螺旋角 β

斜齿圆柱齿轮齿廓曲面与任意圆柱面的交线都是一条螺旋线，该螺旋线的切线与过切点的圆柱母线间所夹的锐角，称为该圆柱面上的螺旋角。在斜齿轮各个不同的圆柱面上，螺旋角是不同的。通常用分度圆柱面上的螺旋角 β 来表示轮齿的倾斜程度和进行几何尺寸计算。β 越大，轮齿越倾斜，传动平稳性越好，但轴向力也越大。一般来说，设计时取 $\beta = 8° \sim 20°$。近年来，为增大重合度，增加传动的平稳性和降低噪声，有大螺旋角化的趋势。对于人字形齿轮，由于轴向力可以抵消，常取 $\beta = 25° \sim 45°$。但因其加工困难，精度较低，一般用于重型机械的齿轮传动。

（2）模数 m

将斜齿轮的分度圆柱面展开成平面，如图 4-18 所示，图中阴影部分为轮齿，空白部分为齿槽。由图中可以看出，端面齿距 p_t 和法面齿距 p_n 的关系为 $P_n = P_t\cos\beta$，两边各除以 π，即得端面模数 m_t 和法面模数 m_n 的关系为：

$$m_n = m_t\cos\beta \tag{4-12}$$

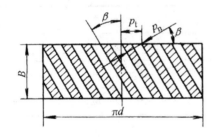

图 4-18　端面齿距与法向齿距

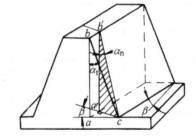

图 4-19　端面压力角与法向压力角

（3）压力角

为便于分析，以斜齿条为例说明问题。如图 4-19 所示，$\triangle abc$ 为端面上的直角三角形，$\angle abc$ 为端面压力角 α_t，$\triangle a'b'c$ 为法面上的直角三角形，$\angle a'b'c$ 为法面压力角 α_n，因为 $ab = a'b'$，故可导出：

$$\tan\alpha_n = \tan\alpha_t\cos\beta \tag{4-13}$$

标准规定法向压力角 α_n 为标准值，且 $\alpha_n = 20°$。

（4）齿顶高系数和顶隙系数

斜齿轮的齿顶高系数和顶隙系数也有法向和端面两种。无论从法向还是端面看，斜齿轮的齿顶高都是相同的，顶隙也相同，即有：

$$h_a = h_{an}^* m_n = h_{at}^* m_t , \qquad c = c_n^* m_n = c_t^* m_t$$

将式（4-12）代入上式得：

$$\left.\begin{aligned} h_{at}^* &= h_{an}^* \cos\beta \\ c_t^* &= c_n^* \cos\beta \end{aligned}\right\} \tag{4-14}$$

由于法向参数为标准值，故对于正常齿制，$h_{an}^* = 1$，$c_n^* = 0.25$，短齿制 $h_{an}^* = 0.8$，$c_n^* = 0.3$。

斜齿轮的几何尺寸计算公式见表 4-4。

表 4-4 外啮合标准斜齿圆柱齿轮的几何尺寸计算

名 称	符 号	计 算 公 式
法面模数	m_n	取标准值
端面模数	m_t	$m_t = m_n / \cos\beta$
法面压力角	α_n	标准值
端面压力角	α_t	$\tan\alpha_t = \tan\alpha_n / \cos\beta$
分度圆直径	d	$d = m_t z$
齿顶圆直径	d_a	$d_a = d + 2h_a$
齿根圆直径	d_f	$d_f = d - 2h_f$
齿顶高	h_a	$h_a = m_n$
齿根高	h_f	$h_f = 1.25 m_n$
全齿高	h	$h = h_a + h_f = 2.25 m_n$
顶隙	c	$c = h_f - h_a = 0.25 m_n$
中心距	a	$a = (d_1 + d_2)/2 = m_t(z_1 + z_2)/2 = m_n(z_1 + z_2)/(2\cos\beta)$

1.8 斜齿圆柱齿轮的正确啮合条件

从斜齿轮齿廓的形成原理可知，其端面齿廓与直齿圆柱齿轮一样，因此，一对外啮合斜齿圆柱齿轮的正确啮合条件是：两齿轮的端面模数和端面压力角分别相等，且两轮的螺旋角大小相等、旋向相反（内啮合时旋向相同）。由式（4-12）及式（4-13）可知，两轮的法向模数和法向压力角也必须分别相等。由于斜齿轮以法向参数为标准值，故其正确啮合条件为

$$\left.\begin{aligned} \alpha_{n1} &= \alpha_{n2} = \alpha_n \\ m_{n1} &= m_{n2} = m_n \\ \beta_1 &= \pm\beta_2 \end{aligned}\right\} \tag{4-15}$$

式中，"－"号表示外啮合时螺旋角旋向相反；"＋"号表示内啮合时螺旋角旋向相同。

1.9 斜齿圆柱齿轮传动的重合度

图 4-20 所示为斜齿轮与斜齿条在前端面的啮合情况。齿廓在 A 点开始啮合，在 E 点终止啮合，FG 是一对齿在啮合过程中齿条分度线上一点所走的距离。作从动齿条分度面的俯视图可看出，齿条的工作齿廓只在 FG 区间处于啮合状态，在 FG 区间之外均不可能啮合。当轮齿到达虚线所示位置时，其前端面虽已开始脱离啮合，但轮齿后端面仍处在啮合区内，整个轮齿尚未终止啮合。只有当轮齿后端面走出啮合区，该齿才终止啮合。由此可见，斜齿轮传动的啮合线 FH 比端面齿廓完全相同的直齿轮长 GH，故斜齿轮传动的重合度为：

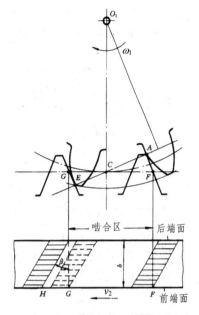

$$\varepsilon = \frac{FH}{p_t} = \frac{FG + GH}{p_t} = \varepsilon_t + \frac{b\tan\beta}{p_t} \qquad (4\text{-}16)$$

式中，ε_t 为端面重合度，其值等于与斜齿轮端面齿廓相同的直齿轮传动的重合度；$b\tan\beta/p_t$ 为轮齿倾斜而产生的附加重合度。由上式可见，斜齿轮传动的重合度随齿宽 b

图 4-20 斜齿圆柱齿轮传动的重合度

和螺旋角 β 的增大而增大，可达到很大的数值，这是斜齿轮传动平稳、承载能力较高的主要原因之一。

1.10 斜齿圆柱齿轮的当量齿数

加工斜齿轮时，铣刀是沿着螺旋线的方向进刀的，故应当按照斜齿轮的法向齿形选择刀具。另外，在计算轮齿强度时，因为力作用在法向平面内，也需要知道法向齿形。

如图 4-21 所示，过斜齿圆柱齿轮的分度圆螺旋线上的 P 点，作垂直于轮齿的法向截面 $n\text{—}n$，此法面与分度圆柱的截交线为一椭圆，椭圆的长半轴 $a = d/(2\cos\beta)$，短半轴 $b = d/2$。该法向截面齿形即为斜齿轮的法向齿形。

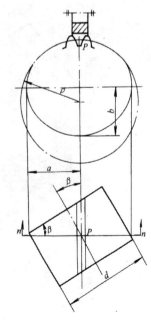

若以椭圆上 P 点的曲率半径为分度圆半径，以斜齿轮的法向模数 m_n 为模数，法向压力角 α_n 为压力角作一直齿圆柱齿轮，这个直齿轮的齿形与斜齿轮的法向齿形十分接近，因而称这个直齿圆柱齿轮为该斜齿轮的当量齿轮。它的齿数称为当量齿数，以 z_v 表示。

由数学知识可导出椭圆在 P 点的曲率半径为 $\rho = a^2/b = d/2\cos^2\beta$，故有：

$$z_v = \frac{2\rho}{m_n} = \frac{d}{m_n \cos^2\beta} = \frac{m_n z}{m_n \cos^3\beta} = \frac{z}{\cos^3\beta} \qquad (4\text{-}17)$$

式中：z 为斜齿轮的实际齿数。可见，当量齿数 z_v 大于斜齿轮的实际齿数 z，并且不一定为整数。

图 4-21 斜齿轮的当量齿数

前已述及标准正常齿直齿轮不产生根切的最少齿数 $z_{min} \geqslant 17$，故对于标准正常齿斜齿轮有：

$$z_{min} = z_{vmin}\cos^3\beta = 17\cos^3\beta \qquad (4\text{-}18)$$

由此可见，标准斜齿轮不根切的最少齿数小于标准直齿轮不根切的最少齿数。

【任务实施】

1. 工具及材料准备

本任务实施所需材料如表 4-5 所示。

表 4-5 多级减速器拆装材料

序 号	名 称	规 格	数 量	备 注
1	二级展开式斜齿圆柱齿轮减速器		1 台	
2	安装锤		1 把	
3	呆扳手	8-10 14-17	1 把 2 把	
4	游标卡尺	量程 15 cm	1 把	

2. 拆卸多级变速箱

（1）拆减速器上盖

首先，将连接上盖的两颗定位销拆下，拆下连接上盖的 12 颗螺栓以及 6 个轴承端盖上与上盖相连接的 12 颗固定螺栓，拿下上盖，如图 4-22 所示。

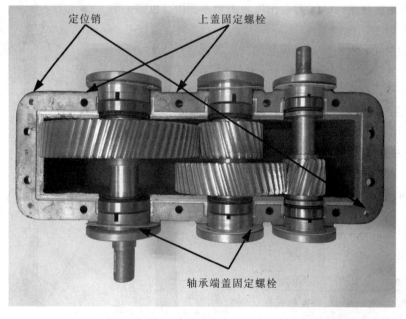

图 4-22 拆解上盖

（2）拆轴承端盖

拆下轴承端盖剩下的 12 颗螺栓，将端盖拿下，如图 4-23 所示。

图 4-23　拆轴承端盖

（3）拆轴承和齿轮

端盖拆解完后，就可以将各个齿轮轴及其连接的零件进行插接，输入轴相关零件如图 4-24 所示，中间轴相关零件如图 4-25 所示，输出轴相关零件如图 4-26 所示。

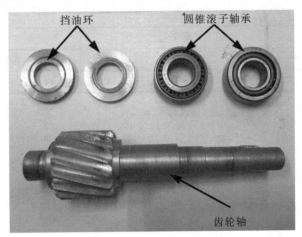

图 4-24　输入轴零件

图 4-25　中间轴零件

图 4-26　输出轴零件

3. 计算齿轮模数及分度圆直径

（1）测量齿轮的齿顶圆直径

首先测量各齿轮齿顶圆的直径，为了准确，分别测量 3 次，取平均值。

齿顶圆直径	测量值			平均值	齿数
主动轴小齿轮 d_{a1}	56.80	56.72	56.78	56.77	$z_1 = 16$
中间轴小齿轮 d_{a2}	90.00	89.90	90.00	89.97	$z_2 = 27$

（2）求齿轮的模数

本任务中，为斜齿圆柱齿轮传动，这里所指的齿轮模数是法面模数 m_n。

首先求第一对相互啮合的齿轮模数，有如下 4 个公式：

$$d_a = d + 2h_a, \qquad h_a = m_n$$

$$d = m_t z, \qquad m_n = m_t \cos\beta$$

可知
$$d_a = \left(\frac{z}{\cos\beta} + 2 \right) \times m_n$$

求得：第一对齿轮的法面模数 $m_{n1} = 3.06$；第二对齿轮的法面模数 $m_{n2} = 3.00$。

查表 4-1 可知，标准模数 $m_{n1} = 3$，$m_{n2} = 3$。

（3）求分度圆直径

求得标准模数（法面模数）后，就可以计算准确的分度圆直径。计算公式为：

$$d = m_t z = m_n z/\cos\beta = 3 \times 16/\cos 15° = 49.69$$

$$d_a = d + 2h_a = 49.69 + 6 = 55.69$$

可见，z_1 齿顶圆的真实高度应该是 55.69 mm。同理可得 z_2 齿顶圆的高度是 89.86 mm。

【综合练习】

拆解如图 4-27 所示的分流式双级圆柱齿轮减速器，进行模数计算、基准直径和中心矩的计算。

图 4-27　分流式双级圆柱齿轮减速器

任务 2　轮系传动比计算

【任务目标】

① 能读懂轴系传动图。

② 会画轴系传动图。

③ 能正确区分轴系的类型。

④ 会进行定轴轮系传动比的计算。

【任务描述】

传动比是减速器的重要参数，在齿轮传动系统中，传动比的计算相对简单，在已知齿轮大小的情况下，传动比就可以确定。

本任务以二级展开式斜齿圆柱齿轮减速器为载体，通过拆解和分析，来精确计算如图 4-28 所示减速器的传动比。

图 4-28　二级斜齿圆柱齿轮减速器的结构

【相关知识】

2.1 轮系的分类

由两个齿轮组成的传动是齿轮传动中最简单的形式，在实际机械传动中，仅用一对齿轮往往不能满足生产上的多种要求，有时为了得到大传动比传动和换向传动等目的，常常采用一系列互相啮合的齿轮将主动轴的运动传到从动轴，这种由一系列齿轮组成的传动系统称为轮系。

如果轮系中各齿轮的轴线互相平行，则称为平面轮系，否则称为空间轮系。

根据轮系运转时，齿轮的轴线相对于机架是否固定，轮系又可分为定轴轮系和周转轮系两大类。

2.1.1 定轴轮系

当轮系运转时，若各齿轮的轴线相对于机架的位置都是不变的，则该轮系称为定轴轮系。如图 4-29 所示均为定轴轮系，图 4-29（a）为圆柱齿轮减速器，它的作用是将由轴 1 输入的运动变速由齿轮 4 所在轴输出，它的功用是在减速的同时增矩。图 4-29（b）所示的轮系，由 1-2 锥齿轮运动，3-4 蜗杆传动，5-6 外啮合传动输出到 6 齿轮所在轴，也是一套定轴轮系。

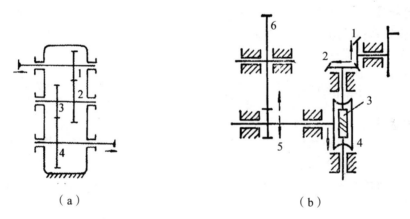

（a） （b）

图 4-29 定轴轮系

2.1.2 动轴轮系

当轮系运转时，若其中至少有一个齿轮的几何轴线相对于机架有位置变化者，则该轮系称为动轴轮系。如图 4-30 所示的轮系，其中齿轮 2 松套在构件 H 上，并分别与齿轮 1 和齿轮 3 相啮合。因此，在运转时，齿轮 2 一方面绕自身的几何轴线 O_2 转动（自转），另一方面又随构件绕固定的几何轴线 O_H 转动（公转），其运动与太阳系中的行星绕太阳做自转和公转类似，因此把做行星运动的齿轮 2 称为行星轮。支承行星轮的构件 H 称为行星架，与行星齿轮相啮合且轴线固定的齿轮 1 和 3 称为中心轮（亦称为太阳轮）。显然，轮系中行星架与两中心轮的几何轴线（$O_1—O_3—O_H$）必须重合，否则无法运动。

根据动轴轮系所具有的自由度不同，可将动轴轮系分为两类：

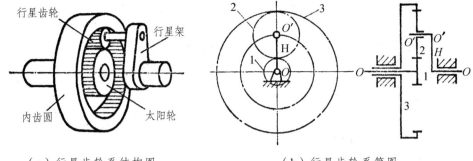

（a）行星齿轮系结构图   （b）行星齿轮系简图

图 4-30   行星轮系

① 行星轮系。自由度为 1 的动轴轮系称为行星轮系，如图 4-30（b）所示。

② 差动轮系。自由度为 2 的动轴轮系称为差动轮系。其中心轮均不固定，如图 4-31（a）所示。

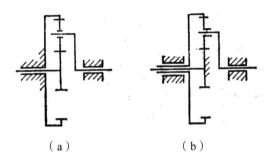

（a）   （b）

图 4-31   行星轮系

在工程实际中，为了满足传动的功能要求，还常采用由几个动轴轮系和定轴轮系组合在一起，或将几个动轴轮系组合在一起，这种轮系称为复合轮系，如图 4-32 所示。

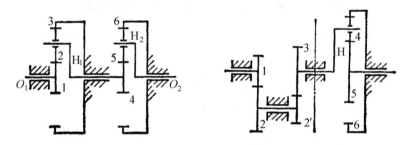

图 4-32   复合轮系

动轴轮系与定轴轮系相比，具有体积小、重量轻、传动比范围大、效率高和工作平稳等优点。同时差动轮系还可用于速度的合成与分解或变速传动，所以动轴轮系应用日益广泛；但其结构复杂，制造安装精度要求较高。

2.2   定轴轮系传动比的计算

轮系中，首、末两轮的角速度（或转速）之比，称为轮系的传动比。进行轮系传动比计算时，除了计算传动比大小外，一般还要确定首、末轮的转向关系。

2.2.1　一对齿轮传动的传动比计算及主、从动轮转向关系

（1）传动比大小

无论是圆柱齿轮、圆锥齿轮、蜗杆蜗轮传动，其传动比均可用下式表示：

$$i_{12} = \frac{\omega_1}{\omega_2} = \frac{n_1}{n_2} = \frac{z_2}{z_1}$$

式中：1为主动轮，2为从动轮，冠以正号（正号常可省略）。

（2）主、从动轮之间的转向关系

a. 画箭头法

各种类型齿轮传动，主、从动轮的转向关系均可用画箭头的方法确定。

① 平行轴间齿轮传动：如图 4-33 所示，外啮合时，两轮的转动方向相反，故表示其转向的箭头要么相向要么相背；内啮合时，两轮的转动方向相同，故表示其转向的箭头同向。

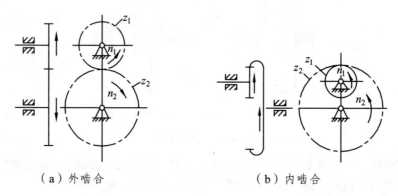

（a）外啮合　　　　　　　　（b）内啮合

图 4-33　圆柱齿轮传动的主、从动轮转向关系

② 圆锥齿轮传动：圆锥齿轮传动时，箭头应同时指向啮合点或背离啮合点，如图 4-34（a）所示。

③ 蜗杆蜗轮传动：蜗杆蜗轮传动之间的转向关系按左（右）手法则确定，同样可用画箭头法表示，如图 4-34（b）所示。

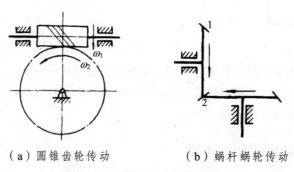

（a）圆锥齿轮传动　　　　　　（b）蜗杆蜗轮传动

图 4-34　非平行轴齿轮传动

b. "±"方法

对于圆柱齿轮传动，从动轮与主动轮之间的转向关系可直接在传动比公式中表示，即：

$$i_{12} = \frac{n_1}{n_2} = \pm \frac{z_2}{z_1}$$

式中："+"号表示主、从动轮转向相同，用于内啮合；"−"号表示主、从动轮转向相反，用于外啮合；对于锥齿轮传动和蜗杆蜗轮传动，由于两齿轮轴线不平行，故其转动方向的关系不能用传动比的正、负号表示，而只能在图上用画箭头的方法确定。

2.2.2　定轴轮系传动比的计算

图 4-35 所示为一定轴轮系，齿轮 1 为主动轮（首轮），齿轮 5 为从动轮（末轮）。由图可知各对齿轮的传动比为：

$$i_{12} = \frac{n_1}{n_2} = -\frac{z_2}{z_1}, \qquad i_{23} = \frac{n_2}{n_3} = -\frac{z_3}{z_2}$$

$$i_{3'4} = \frac{n_{3'}}{n_4} = +\frac{z_4}{z_{3'}}, \qquad i_{4'5} = \frac{n_{4'}}{n_5} = +\frac{z_5}{z_{4'}}$$

由于齿轮 3、3′ 和 4、4′ 各固定在同一根轴上，因而 $n_3 = n_{3'}$，$n_4 = n_{4'}$，故将以上各式按顺序连乘得：

$$i_{15} = \frac{n_1}{n_5} = i_{12} i_{23} i_{3'4} i_{4'5} = (-1)^3 \times \frac{z_2 z_3 z_4 z_5}{z_1 z_2 z_{3'} z_{4'}}$$

由上式可知，此定轴轮系的传动比等于组成该轮系的各对齿轮传动比的连乘积；首末两轮的转向关系由轮系中外啮合齿轮的对数决定。上式中 $(-1)^3$ 表示轮系中外啮合齿轮共有三对，$(-1)^3 = -1$ 表示轮 1 与轮 5 转向相反。从图 4-35 中可以看出，轮系中各轮的转向也可用画箭头的方法表示。此外，齿轮 2 在与齿轮 1 和齿轮 3 的啮合中，既为从动轮又为主动轮，z_2 在上式中可以消掉，它对轮系传动比的数值没有影响，故称为介轮（也称惰轮），它有改变转向、减少单级传动比和克服较长的传动距离。

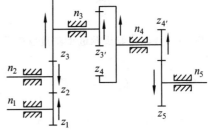

图 4-35　定轴轮系

由以上分析可以推广到一般情况，即对于各轮轴线相互平行的定轴轮系，则有：

$$i_{1k} = \frac{n_1}{n_k} = (-1)^m \times \frac{\text{所有从动轮齿数的连乘积}}{\text{所有主动轮齿数的连乘积}} \qquad (4\text{-}19)$$

式中：m 为外啮合圆柱齿轮的对数。

应注意上式的应用范围：该轮系中全部是由圆柱齿轮组成的平行轴传动。

如果轮系中有圆锥齿轮传动或蜗杆蜗轮传动等齿轮机构，其传动比的大小仍用式（4-18）来计算，而传动比的转向关系则必须在图中用画箭头的方法表示，这是由于一对圆锥齿轮（或蜗杆蜗轮）的轴线不平行，首、末轮的转向相同或相反，但在这类问题中，如果首、末轮恰好轴线平行，则在表达首、末轮的转向关系时，又可以用正、负号来表达。

实例 4-1 图 4-36 所示为车床溜板箱进给刻度盘轮系，运动由齿轮 1 输入经齿轮 4 输出。已知各轮齿数：$z_1 = 18$，$z_2 = 87$，$z_{2'} = 28$，$z_3 = 20$，$z_4 = 84$。试求此轮系的传动比 i_{14}。

解 由式（4-19）计算此轮系的总传动比为：

$$i_{14} = \frac{n_1}{n_4} = (-1)^m \times \frac{z_2 z_3 z_4}{z_1 z_{2'} z_3} = (-1)^2 \times \frac{87 \times 20 \times 84}{18 \times 28 \times 20} = 14.5$$

上式计算结果为正，表示末轮 4 与首轮 1 的转向相同。

实例 4-2 图 4-37 所示为一手摇提升装置，其中各轮齿数已知。试求传动比 i_{15}；若提升重物上升时，试确定手轮的转向。

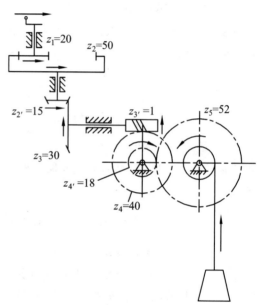

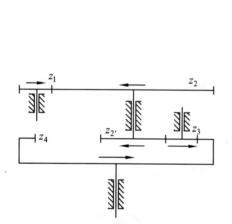

图 4-36 车床溜板箱进给刻度盘轮系   图 4-37 手摇提升装置

解 $$i_{15} = \frac{n_1}{n_5} = \frac{z_2 z_3 z_4 z_5}{z_1 z_{2'} z_{3'} z_{4'}} = \frac{50 \times 30 \times 40 \times 52}{20 \times 15 \times 1 \times 18} = 577.78$$

各轮的转向如图 4-37 中箭头所示，手轮的转向与 z_1 的转向相同。蜗轮的转向可以采用主动轮左右手定则确定。

2.3 动轴轮系传动比的计算

图 4-30 所示的动轴轮系，由于动轴轮系中行星轮的运动不是绕固定轴线转动，故其传动比的计算不能直接应用定轴轮系的公式。

目前应用最普遍的方法是相对速度法（或称反转法），这种方法是假想给整个动轴轮系加上一个与行星架 H 的转速 n_H 大小相等、方向相反的公共转速 "$-n_H$"，则此时行星架 H 可视为静止不动，而各构件间的相对转动关系不发生改变。于是，所有齿轮的几何轴线位置都固定不动，从而得到了假想的定轴轮系，如图 4-38 所示。这种假想的定轴轮系称为原动轴轮系的"转化轮系"。所有构件转化前后的转速关系见表 4-6。

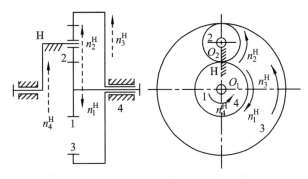

图 4-38　转化轮系

表 4-6　转化前后轮系中各构件的转速

构件	动轴轮系中的原有转速	转化轮系中的转速
中心轮 1	n_1	$n_1^H = n_1 - n_H$
行星轮 2	n_2	$n_2^H = n_2 - n_H$
中心轮 3	n_3	$n_3^H = n_3 - n_H$
行星架 H	n_H	$n_H^H = n_H - n_H = 0$

转化轮系中两轮的传动比可以采用定轴轮系传动比的计算方法，得出：

$$i_{13} = \frac{n_1^H}{n_3^H} = \frac{n_1 - n_H}{n_3 - n_H} = (-1)^1 \times \frac{z_2 z_3}{z_1 z_2} = -\frac{z_3}{z_1}$$

推广到一般情况，可得如下结论：动轴轮系中，轴线与主轴线平行或重合的两轮 G、K 的传动比可以通过下式求解：

$$i_{GK}^H = \frac{n_G - n_H}{n_K - n_H} = \pm \frac{\text{从 G 传到 K 之间所有从动轮齿数的连乘积}}{\text{从 G 传到 K 之间所有主动轮齿数的连乘积}} \qquad （4\text{-}20）$$

运用式（4-20）时须注意：

① 转速 n_G、n_K 和 n_H 是代数量，代入公式时必须带正、负号。假定某一转向为正号，则与其同向的取正号，与其反向的取负号。

② n_G、n_K 和 n_H 是各轮的实际转速，n_G^H、n_K^H 和 n_H^H 则是在转化轮系中各轮的转速。

③ 公式右边齿数连乘积比的正负号按转化轮系中 G 轮与 K 轮的转向关系确定。

④ 待求构件的实际转向由计算结果的正负号确定。

实例 4-3　如图 4-39 所示行星轮，当 $z_a = 100$，$z_g = 101$，$z_f = 100$，$z_b = 99$ 时，试求传动比 i_{Ha}。

解　由式（4-20）得：

$$i_{ab}^H = \frac{n_a - n_H}{n_b - n_H} = (-1)^m \times \frac{z_g \times z_b}{z_a \times z_f}$$

将各轮齿数 $m = 2$ 及 $n_b = 0$（轮 b 固定）代入得：

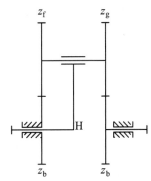

图 4-39　大传动比行星轮系

$$i_{ab}^H = \frac{n_a - n_H}{0 - n_H} = (-1)^2 \times \frac{101 \times 99}{100 \times 100} = \frac{9999}{10000}$$

$$-\frac{n_a}{n_H} + 1 = \frac{9999}{10000}$$

故　　　　　　$$i_{aH} = 1 - \frac{9999}{10000} = \frac{1}{10000}$$

$$i_{Ha} = 10000$$

由此例可知行星架 H 转 10000 圈时，太阳轮 a 只转一圈，表明它的传动比很大。但应当注意，它用于减速时，减速比越大，其机械效率越低。若想将它用作增速传动（即轮 a 作主动）时，则不论加多大的力矩，机构也不能动，这种现象称为自锁。因此，图 4-38 所示的大传动比行星轮系只能用在行星架 H 为主动件、不考虑效率、以传递运动为主的仪器设备中。

实例 4-4　图 4-40 所示为圆锥齿轮组成的轮系。已知各轮齿数 $z_a = z_g = 60$，$z_f = 20$，$z_b = 30$，$n_a = 60$ r/min，$n_H = 180$ r/min，n_a 与 n_H 转向相同，试求 n_b。

解　由式（4-20）得：$i_{ab}^H = \dfrac{n_a - n_H}{n_b - n_H} = -\dfrac{z_g \times z_b}{z_a \times z_f}$

用画箭头的方法可知 n_a^H 与 n_b^H 的转向相反，故 i 应为负值。由 $n_a = 60$ r/min，$n_H = 180$ r/min，并代入 z_a、z_g、z_f、z_b 得：

$$i_{ab}^H = \frac{n_a - n_H}{n_b - n_H} = \frac{60 - 180}{n_b - 180} = -\frac{3}{2}$$

即　　　　　$$n_b = \frac{1.5 \times 180 + 120}{1.5} = 260 \ r/min$$

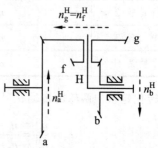

图 4-40　圆锥齿轮组成的行星轮系

解得 n_b 为正，表明 a、b 轮的实际转向相同。

【任务实施】

1. 工具及材料准备

进行传动比计算的主要设备是相互啮合的两对齿轮，如表 4-7 所示。

表 4-7　传动比计算所需设备

序号	名称	图示	规格	齿数	备注
1	主动轴齿轮		z_1	16	
2	与主动轴齿轮啮合的齿轮		z_2	47	

续表 4-7

序号	名　称	图　示	规格	齿数	备　注
3	从动轴齿轮		z_3	68	
4	与从动轴齿轮啮合的齿轮		z_2'	27	

2. 绘制轮系结构简图

在进行传动比计算前，应根据减速器的结构，画出轮系的结构简图，以便于计算。画轮系结构简图时，应注意约束的类型及画法，其轴系结构简图如图 4-41 所示。

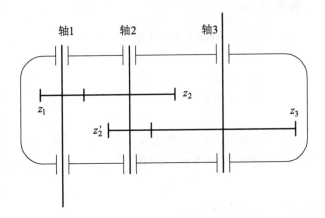

图 4-41　二级圆柱齿轮减速器的结构简图

3. 计算传动比

根据轴系结构简图，计算减速器的传动比 i_{13}。根据传动比计算公式得：

$$i_{13} = \frac{z_2 z_3}{z_1 z_2'} = \frac{47 \times 68}{16 \times 27} = 7.398$$

该减速器的传动比为 7.398。

【综合练习】

① 某外圆磨床的进给机构如图 4-42 所示，已知各轮的齿数为：$z_1 = 28$，$z_2 = 56$，$z_3 = 38$，$z_4 = 57$，手轮与齿轮 1 相固连，横向丝杠与齿轮 4 相固连，其丝杠螺距为 3 mm，试求当手轮转动 1/100 转时，砂轮架的横向进给量 s。

② 在图 4-43 所示的滚齿机工作台传动中，设已知各轮的齿数为 $z_1 = 15$，$z_2 = 28$，$z_3 = 15$，$z_4 = 35$，$z_9 = 40$，若被切齿数为 64 个齿，试求传动比 i_{57}。

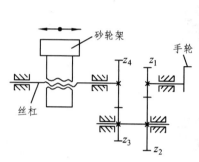

图 4-42　磨床进给机构

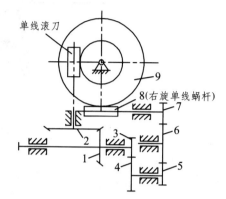

图 4-43　滚齿机传动机构

★　知识拓展

一、齿廓啮合基本定律及渐开线齿廓

（一）齿廓啮合基本定律

齿轮传动的基本要求之一是其瞬时传动比（角速比）恒定；否则，当主动轮以等角速度转动时，从动轮的角速度为变值，从而产生惯性力，这样会引起振动、冲击和噪声，影响齿轮传动精度及使用寿命。那么，一对齿廓满足什么条件才能保证定角速比呢？下面来讨论这个问题。

图 4-44 所示为一对相互啮合的齿廓 E_1 与 E_2 在 K 点接触的情况。设两轮的角速度分别为 ω_1 和 ω_2，则接触点 K 的线速度为：

$$v_{K1} = O_1K\,\omega_1, \qquad v_{K2} = O_2K\,\omega_2$$

过 K 点作两齿廓的公法线 $n\!-\!n$，它与齿轮轮心连线 O_1O_2 交于 P 点。为保证两齿廓在啮合过程中既不相互嵌入也不相互分离，v_{K1} 与 v_{K2} 在公法线方向的分速度必须相等，即：

$$v_{K1}\cos\alpha_{K1} = v_{K2}\cos\alpha_{K2}$$
$$O_1K\omega_1\cos\alpha_{K1} = O_2K\omega_2\cos\alpha_{K2}$$

从而有
$$i_{12} = \frac{\omega_1}{\omega_2} = \frac{O_2K\cos\alpha_{K2}}{O_1K\cos\alpha_{k1}}$$

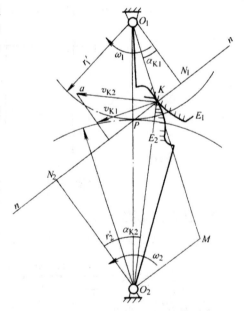

图 4-44　齿廓啮合基本定律

过 O_1、O_2 分别作公法线 $n\!-\!n$ 的垂线，垂足分别为 N_1、N_2，则有：

$$O_1N_1 = O_1K\cos\alpha_{K1}, \qquad O_2N_2 = O_2K\cos\alpha_{K2}$$

又由 $\triangle O_1N_1P \backsim \triangle O_2N_2P$，可得传动比为：

$$i_{12} = \frac{\omega_1}{\omega_2} = \frac{O_2 K \cos\alpha_{K2}}{O_1 K \cos\alpha_{K1}} = \frac{O_2 N_2}{O_1 N_1} = \frac{O_2 P}{O_1 P} \tag{4-21}$$

上式表明，互相啮合传动的一对齿廓，任意瞬时的传动比等于该瞬时两轮连心线被齿廓接触点公法线分割的两段线段长度之反比。欲使一对齿轮瞬时传动比恒定不变，$O_2 P/O_1 P$ 必为常数，P 点必为连心线上的一定点。由此可得出结论：不论在任何位置接触，过接触点所作的齿廓公法线必须过连心线上一定点，才能保证两齿轮传动比恒定。这就是齿廓啮合基本定律。

P 点称为节点；令 $O_1 P = r_1'$，$O_2 P = r_2'$，分别以 r_1' 和 r_2' 为半径、以两轮轮心为圆心画圆，称为节圆。节圆为两节圆的切点。把 r_1' 和 r_2' 代入式（4-21）得 $\omega_1 r_1' = \omega_2 r_2'$，即两节圆的圆周速度相等。显然，两齿轮啮合传动时，可视为半径为 r_1'、r_2' 的两节圆在做纯滚动。

一对能满足齿廓啮合基本定律的齿廓称为共轭齿廓。具有共轭齿廓的齿轮，除了要满足定传动比的要求外，还必须满足强度高、寿命长、制造容易、安装方便、互换性好、传动效率高等要求。同时能满足上述要求的曲线有渐开线、摆线、圆弧等曲线。渐开线齿廓齿轮不仅能满足上述要求，而且制造容易，因此得到广泛应用。

（二）渐开线的形成及特性

当一直线在一圆周上做纯滚动时（见图 4-45），此直线上任意一点的轨迹称为该圆的渐开线，这个圆称为渐开线的基圆，该直线称为渐开线的发生线。

由渐开线的形成过程可知，渐开线具有如下特性：

① 发生线在基圆上滚过的长度等于基圆上被滚过的弧长，即直线 NK 的长度等于弧长 AN。

② 发生线 NK 是基圆的切线和渐开线上 K 点的法线。线段 NK 是渐开线在 K 点的曲率半径，N 点为其曲率中心。由此可见，渐开线上各点的法线均与基圆相切。

③ 渐开线上某一点的法线（压力方向线）与该点速度方向线所夹的锐角 α_K，称为该点的压力角。以 r_b 表示基圆半径，由图可知：

$$\cos\alpha_K = r_b / r_K \tag{4-22}$$

上式表明，渐开线上各点的压力角不等，向径 r_K 越大（即离开轮心越远的点），其压力角越大，反之越小。基圆上的压力角等于零。

④ 渐开线的形状取决于基圆的大小。如图 4-46 所示，基圆越大，渐开线越平直，当基圆半径趋于无穷大时，其渐开线将成为垂直于 $N_3 K$ 的直线，它就是渐开线齿条的齿廓。

⑤ 基圆内无渐开线。

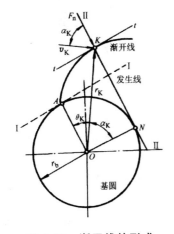

图 4-45　渐开线的形成

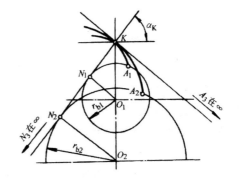

图 4-46　基圆半径对渐开线形状的影响

（三）渐开线齿廓的啮合特性

1. 渐开线齿廓能保证恒定的传动比

根据渐开线的性质，不难证明用渐开线作为齿轮齿廓可以满足定传动比的要求。

如图 4-47 所示，设两渐开线齿廓在 K 点接触，齿轮的基圆半径分别为 r_{b1} 和 r_{b2}。过 K 点作这对齿廓的公法线 $n—n$，根据渐开线的特性可知，此公法线必同时与两基圆相切，即 $n—n$ 是两轮基圆的一条内公切线。当齿廓在另一点 K' 接触时，过 K' 作这对齿廓的公法线 $n—n$，根据渐开线的特性可知，此公法线也必同时与两基圆相切。当两齿轮安装固定后，两基圆的大小位置即固定，其在同一方向的内公切线只有一条，故 $n—n$ 为一定直线，它与连心线 O_1O_2 的交点 P 必为一定点。这就说明渐开线齿廓满足齿廓啮合基本定律，即满足定传动比要求，且其传动比与两基圆半径成反比，即：

$$i_{12} = \frac{\omega_1}{\omega_2} = \frac{r_{b2}}{r_{b1}} \tag{4-23}$$

2. 传动的作用力方向不变

如图 4-47 所示，渐开线齿轮传动时，其齿廓接触点的轨迹称为啮合线。对于渐开线齿廓，无论在何点接触，过接触点的公法线总是两基圆的内公切线 N_1N_2。因此，直线 N_1N_2 就是齿廓的啮合线。当不考虑摩擦时，两齿廓间作用力的方向必沿着接触点的公法线方向，即啮合线方向。由于啮合线为定直线，所以在啮合过程中，齿廓间的作用力方向不变，这对齿轮传动的平稳性是很有利的。

过节点作两节圆的公切线 $t—t$，它与啮合线之间的夹角称为啮合角，用 α' 表示，由图可见，渐开线齿轮传动中啮合角为常数。

3. 渐开线齿轮传动的可分性

两渐开线齿轮啮合时，其传动比等于两轮基圆半径之反比，而在渐开线齿轮的齿廓加工完成后，其基圆大小就已完全确定。所以，即使两轮的实际中心距与设计中心距略有偏差，也不会影响两轮的传动比。渐开线齿廓传动的这一特性称为传动的可分性。

实际上，制造、安装误差或轴承的磨损，常常会导致中心距的微小变化。但由于渐开线齿轮传动具有可分性，故仍能保持良好的传动性能。

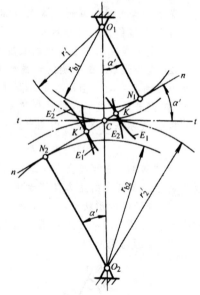

图 4-47　渐开线齿廓的啮合

二、圆锥齿轮传动

圆锥齿轮用于传递两相交轴的运动和动力，其传动可看成是两个锥顶点共点的圆锥体相互做纯滚动，如图 4-48 所示。圆锥齿轮传动的两轴交角（ $\Sigma = \delta_1 + \delta_2$ ）由传动要求确定，可为任意值，常用轴交角为 $\Sigma = 90°$。

圆锥齿轮有直齿、斜齿和曲齿，其中直齿锥齿轮最常用，斜齿锥齿轮已逐渐被曲齿锥齿轮代替。与圆柱齿轮相比，直齿锥齿轮的制造精度较低，工作时振动和噪声都较大，适用于低速轻载传动；曲齿锥齿轮传动平稳，承载能力强，常用于高速重载传动，但其设计和制造较复杂。本节仅讨论两轴相互垂直的标准直齿锥齿轮传动。

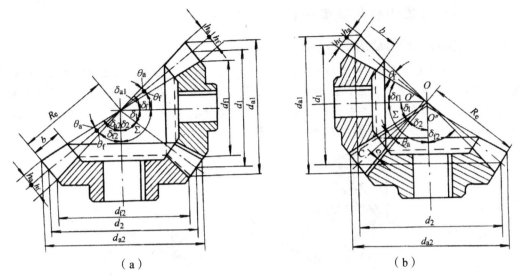

（a）　　　　　　　　　　　　　　　　　　（b）

图 4-48　直齿圆锥齿轮机构

（一）标准直齿圆锥齿轮的几何尺寸计算

由于圆锥齿轮的轮齿尺寸由大端到小端逐渐减小，为了便于计算和测量，通常取大端的参数为标准值，即大端分度圆锥上的模数和压力角符合标准值。模数按 GB/T12368—1990 规定的数值选取，压力角一般为 $\alpha = 20°$；齿顶高系数为 $h_a^* = 1$，顶隙系数 $c^* = 0.2$。

直齿圆锥齿轮按顶隙不同可分为非等顶隙收缩齿［见图 4-48（a）］和等顶隙收缩齿［见图 4-48（b）］两种。等顶隙收缩齿具有可增大小端齿顶厚度、增大齿根圆角半径、减少应力集中、提高刀具寿命、有利于润滑等优点，因此推荐采用等顶隙收缩圆锥齿轮，其几何尺寸的计算公式见表 4-8。

表 4-8　标准直齿圆锥齿轮的几何尺寸计算（ $\sum = 90°$ ）

名称	代号	小齿轮	大齿轮
分锥角	δ	$\delta_1 = \arctan(z_1/z_2)$	$\delta_2 = 90° - \delta_1$
分度圆直径	d	$d_1 = mz_1$	$d_2 = mz_2$
齿顶圆直径	d_a	$d_{a1} = d_1 + 2h_a\cos\delta_1$	$d_{a2} = d_2 + 2h_a\cos\delta_2$
齿根圆直径	d_f	$d_{f1} = d_1 - 2h_f\cos\delta_1$	$d_{f2} = d_2 - 2h_f\cos\delta_2$
齿根高	h_f	$h_f = 1.2m$	
齿顶高	h_a	$h_a = m$	
全齿高	h	$h = 2.2m$	
顶隙	c	$c = 0.2m$	
锥距	R	$R = \dfrac{1}{2}\sqrt{d_1^2 + d_2^2}$	
齿宽	b	$b \leqslant R/3$	
齿根角	θ_f	$\theta_{f1} = \theta_{f2} = \arctan(h_f/R)$	
齿顶角	θ_a	$\theta_a = \theta_f$	
齿顶圆锥角	δ_a	$\delta_{a1} = \delta_1 + \theta_{a1}$	$\delta_{a2} = \delta_2 + \theta_{a2}$
齿根圆锥角	δ_f	$\delta_{f1} = \delta_1 - \theta_{f1}$	$\delta_{f2} = \delta_2 - \theta_{f2}$
当量齿数	z_v	$z_{v1} = z_1/\cos\delta_1$	$z_{v2} = z_2/\cos\delta_2$

（二）直齿圆锥齿轮的强度计算

1. 直齿圆锥齿轮传动的受力分析

图 4-49 所示为直齿圆锥齿轮传动中主动轮轮齿的受力情况。一般将法向力简化为集中载荷 F_n，作用在齿宽 b 的中间位置的节点 C 上，即作用在分度圆锥的直径 d_{m1} 处。当齿轮上作用有转矩 T_1 时，忽略接触面上的摩擦力，则在轮齿的法面内有法向力 F_{n1}。法向力 F_{n1} 可分解为三个相互垂直的空间分力，即切向力 F_{t1}、径向力 F_{r1} 和轴向力 F_{a1}。

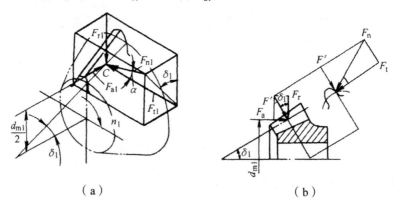

（a）　　　　　　　　　　（b）

图 4-49　直齿圆锥齿轮的受力分析

$$\left.\begin{array}{l} F_{t1} = \dfrac{2T_1}{d_{m1}} \\[2mm] F_{r1} = F' \cos\delta_1 = F_{t1} \tan\alpha \cdot \cos\delta_1 \\[2mm] F_{a1} = F' \sin\delta_1 = F_{t1} \tan\alpha \cdot \sin\delta_1 \end{array}\right\} \qquad (4\text{-}24)$$

式中：T_1 为主动轮所传递的转矩（N·mm）；δ_1 为小齿轮分锥角（°）；d_{m1} 为主动轮平均分度圆直径（mm），$d_{m1} = (1 - 0.5\phi_R)d_1$（其中 $\phi_R = b/R$ 为齿宽系数，通常取 $\phi_R \approx 0.3$）。

大齿轮的受力可根据作用力与反作用力原理求得，即 $F_{t1} = -F_{t2}$、$F_{r1} = -F_{a2}$，$F_{a1} = -F_{r2}$，负号表示二力方向相反。

各力方向判断方法如下：在主动轮上的圆周力对其轴之矩与转动方向相反，在从动轮上的圆周力对其轴之矩与转动方向相同；径向力的方向指向各自的轮心；轴向力的方向分别沿各自的轴线方向指向大端。

2. 直齿圆锥齿轮传动的强度计算

直齿圆锥齿轮的失效形式及强度计算的依据与直齿圆柱齿轮基本相同，可近似地按齿宽中点处的一对当量直齿圆柱齿轮传动来考虑。

（1）齿面接触疲劳强度计算

校核公式为：

$$\sigma_H = \frac{4.98 z_E}{1 - 0.5\phi_R} \sqrt{\frac{KT_1}{\phi_R d_1^3 u}} \leqslant [\sigma_H] \qquad (4\text{-}25)$$

设计公式为：

$$d_1 \geqslant \sqrt[3]{\frac{KT_1}{\phi_R u}\left(\frac{4.98 z_E}{(1 - 0.5\phi_R)[\sigma_H]}\right)^2} \qquad (4\text{-}26)$$

式中：ϕ_R 为齿宽系数，一般取 0.25～0.30，其余符号意义与直齿圆柱齿轮的同名系数意义相同。

（2）齿根弯曲疲劳强度计算

校核公式为：

$$\sigma_F = \frac{4KT_1Y_FY_S}{\phi_R\left(1-0.5\phi_R\right)^2 z_1^2 m^3 \sqrt{u^2+1}} \leqslant [\sigma_F] \tag{4-27}$$

设计公式为：

$$m \geqslant \sqrt[3]{\frac{4KT_1Y_FY_S}{\phi_R\left(1-0.5\phi_R\right)^2 z_1^2 [\sigma_F]\sqrt{u^2+1}}} \tag{4-28}$$

计算得出的 m 值要按圆锥齿轮模数系列取标准值。

3. 直齿圆锥齿轮的结构

与圆柱齿轮相似，锥齿轮的结构有齿轮轴、实心式和腹板式等，如图 4-50、图 4-51 和图 4-52 所示。

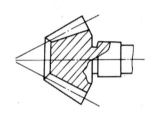

图 4-50　齿轮轴

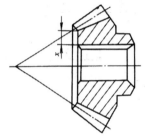

图 4-51　实心式锥齿轮

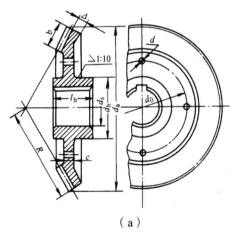

（a）

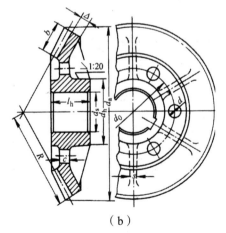

（b）

$d_h = 1.6d_s$；$l_h = (1.2 \sim 1.5)d_s$；
$c = (0.2 \sim 0.3)b$；
$\Delta = (2.5 \sim 4)m$，但不小于 10 mm；
d_0 和 d 按结构取定

$d_h = (1.6 \sim 1.8)d_s$；$l_h = (1.2 \sim 1.5)d_s$；
$c = (0.2 \sim 0.3)b$；$s = 0.8c$；
$\Delta = (2.5 \sim 4)m$，但不小于 10 mm；
d_0 和 d 按结构取定

图 4-52　腹板式锥齿轮

参考文献

[1] 易荣英. 机械基础[M]. 2 版. 重庆：重庆大学出版社, 2013.

[2] 董代进. 机械基础与拆装[M]. 重庆：重庆大学出版社, 2010.

[3] 曹志锡. 机械工程基础[M]. 重庆：机械工业出版社, 2014.

[4] 陈云飞，卢玉明. 机械设计基础[M]. 7 版. 北京：高等教育出版社, 2008.

[5] 范思冲. 机械基础[M]. 3 版. 北京：机械工业出版社, 2012.

[6] 郝桐生. 理论力学[M]. 3 版. 北京：高等教育出版社, 2003.

[7] 王振发. 工程力学[M]. 北京：科学出版社, 2015.

[8] 张建国. 机械工程材料[M]. 成都：西南交通大学出版社，2013.